王小波　主编

中国海域海岛地名志

浙江卷第三册

海洋出版社

2020年·北京

图书在版编目（CIP）数据

中国海域海岛地名志 . 浙江卷 . 第三册 / 王小波主编 . —北京：海洋
出版社 , 2020.1

ISBN 978-7-5210-0561-5

Ⅰ．①中⋯ Ⅱ．①王⋯ Ⅲ．①海域—地名—浙江②岛—地名—浙江
Ⅳ．① P717.2

中国版本图书馆 CIP 数据核字 (2020) 第 008749 号

主　　编：王小波（自然资源部第二海洋研究所）
责任编辑：高朝君
责任印制：赵麟苏

海洋出版社 出版发行

http://www.oceanpress.com

北京市海淀区大慧寺 8 号　邮编：100081
廊坊一二〇六印刷厂印刷
2020 年 1 月第 1 版　2020 年 11 月河北第 1 次印刷
开本：889mm×1194mm　1/16　印张：14
字数：195 千字　定价：180.00 元
发行部：010-62100090　邮购部：010-62100072
总编室：010-62100034
海洋版图书印、装错误可随时退换

《中国海域海岛地名志》

总编纂委员会

总 主 编：王小波

副总主编：孙 丽 王德刚 田梓文

专 家 组（按姓氏笔画顺序）：

丰爱平 王其茂 王建富 朱运超 刘连安

齐连明 许 江 孙志林 吴桑云 佟再学

陈庆辉 林 宁 庞森权 曹 东 董 珂

编纂委员会成员（按姓氏笔画顺序）：

王 隽 厉冬玲 史爱琴 刘春秋 杜 军

杨义菊 吴 頔 谷东起 张华国 赵晓龙

赵锦霞 莫 微 谭勇华

《中国海域海岛地名志·浙江卷》

编纂委员会

主　编：潘国富

副主编：谢立峰　郑文炳　张　钊　张兴林　黄　沛

编写组：

自然资源部第一海洋研究所：刘世昊　赵锦霞

自然资源部第二海洋研究所：刘杜娟　陈培雄　胡涛骏

　　　　　　　　　　　　　陈小玲

舟山市海洋勘测设计院：彭　苗　李爱国　胡申龙　单海峰

　　　　　　　　　　　王蕾飞　严镔镔　廖维敏

宁波海洋开发研究院：任　哲　杨竞争　任建新　吴佳莉

宁波市海洋与渔业研究院：王海航

宁波市海域海岛使用动态监视监测中心：甘付兵

台州海洋环境监测站：吴智清

台州市新海陆测绘有限公司：张自贵　黄　鹏

温州海洋环境监测中心站：鲍平勇　陈子航　付声景

　　　　　　　　　　　　任　钢

前　言

我国海域辽阔，海域海岛地理实体众多，在历史的长河中产生了丰富多彩、类型各异的地名，是重要的基础地理信息。开展全国海域海岛地名普查工作，对于维护国家主权和领土完整，巩固国防建设，促进经济社会协调发展，方便社会交流交往、人民群众生产生活，提高政府管理水平和公共服务能力，都具有十分重要的意义。

20 世纪 80 年代，中国地名委员会组织开展了我国第一次地名普查，对海域地名也进行了普查（台湾省及香港、澳门地区的地名除外），并进行了地名标准化处理。经过近 30 年的发展，在海域海岛地理实体中，有实体无名、一实体多名、多实体重名的现象仍然不同程度存在；有些地理实体因人为开发、自然侵蚀等原因已经消失，但其名称依然存在。在海洋经济已经成为拉动我国国民经济发展有力引擎的新形势下，特别是党的十九大报告提出"坚持陆海统筹，加快建设海洋强国"，开展海域海岛地名普查及标准化工作刻不容缓。

根据《国务院办公厅关于开展第二次全国地名普查试点的通知》（国办发〔2009〕58 号）精神和《第二次全国地名普查试点实施方案》的要求，原国家海洋局于 2009 年组织开展了全国海域海岛地名普查工作，对海域、海岛及其他地理实体展开了全面的调查，空间上涵盖了中国所有海岛，获取了我国海域海岛地名的基本情况。全国海域海岛地名普查工作得到了沿海省、直辖市、自治区各级政府的大力支持，11 个沿海省（市、区）的各级海洋主管部门、37 家海洋技术单位、数百名调查人员投入了这项工作，至 2012 年基本完成。对大陆沿海数以万计的海岛进行了现场调查，并辅以遥感影像对比；对港澳台地区的海岛地理实体进行了遥感调查，并现场调查了西沙、南沙的部分岛礁，获取了大量实地调查资料和数据。这次普查基本摸清了全国海域、海岛和其他地理实体的数量与分布，了解了地理实体名称含义及历史沿革，掌握了地理实体的开发利用情况，并对地理实体名称进行了标准化处理。《中国海域海岛地名志》即是全国海域海岛地名普查工作成果之一。

地名志是综合反映地名的专著，也是标准化地名的工具书。1989 年，中国地名委员会以第一次海域地名普查成果为基础，编纂完成《中国海域地名志》，收录中国海域和海岛等地名 7 600 多条。根据第二次全国海域海岛地名普查工作总体要求，为了详细记录全国海域海岛地名普查成果，进一步加强海域海岛名称管理，传承海域海岛地名历史文化，维护国家海洋权益，原国家海洋局组织成立了《中国海域海岛地名志》总编纂委员会，经过沿海省（市、区）地名普查和编纂人员三年的共同努力，于 2014 年编纂完成了《中国海域海岛地名志》初稿。2018 年 6 月 8 日，国家海洋局、民政部公布了《我国部分海域海岛标准名称》。编委会依据公布的海域海岛标准名称，对初稿进行了认真的调整、核实、修改和完善，最终编纂完成了卷帙浩繁的《中国海域海岛地名志》。

《中国海域海岛地名志》由辽宁卷，山东卷，浙江卷，福建卷，广东卷，广西卷，海南卷和河北、天津、江苏、上海卷共 8 卷组成。其中河北、天津、江苏、上海合为一卷，浙江卷分为 3 册，福建卷分为 2 册，广东卷分为 2 册，全国共 12 册。共收录海域地理实体地名 1 194 条、海岛地理实体地名 8 923 条，内容涵盖了地名含义及沿革、位置面积资源等自然属性、开发利用现状等社会经济属性以及其他概况。所引用的数据主要为现场调查所得。

《中国海域海岛地名志》是全面系统记载我国海域海岛地名的大型基础工具书，是我国海洋地名工作一项有意义的文化工程。本书的出版，将为沿海城乡建设、行政管理、经济活动、文化教育、外事旅游、交通运输、邮电、公安户籍、地图测绘等事业，提供历史和现实的地名资料；同时为各企事业单位和广大读者提供地名查询服务，并为海洋科技工作者开展海洋调查提供基础支撑。

本书是《中国海域海岛地名志·浙江卷》，共收录海域地理实体地名 238 条，海岛地理实体地名 3 032 条。本卷在搜集材料和编纂过程中，得到了原浙江省海洋与渔业局、浙江省各级海洋和地名有关部门以及杭州国海海洋工程勘测设计研究院、宁波市海洋与渔业研究院、宁波海洋开发研究院、舟山市海洋勘测设计院、温州海洋环境监测中心站、台州海洋环境监测站、台州市新海陆测绘有限公司、自然资源部第一海洋研究所、自然资源部第二海洋研究所、自然资源部第三海洋研究所、国家卫星海洋应用中心、国家海洋信息中心、国家海洋技术中心等海洋技术单位的大力支持。在此我们谨向为编纂本书提供帮助和支持的所有领导、专家和技术人员致以最深切的谢意!

鉴于编者知识和水平所限,书中错漏和不足之处在所难免,尚祈读者不吝指正。

《中国海域海岛地名志》总编纂委员会

2019 年 12 月

凡　例

1. 本志主要依据国家海洋局《关于印发〈全国海域海岛地名普查实施方案〉的通知》（国海管字〔2010〕267 号）、《国家海洋局海岛管理司关于做好中国海域海岛地名志编纂工作的通知》（海岛字〔2013〕3 号）、《国家海洋局民政部关于公布我国部分海域海岛标准名称的公告》（2018 年第 1 号）进行编纂。

2. 本志分前言、凡例、目录、地名分述和附录。

3. 地名分述分海域地理实体、海岛地理实体两部分。海域地理实体包括海、海湾、海峡、水道、滩、半岛、岬角、河口；海岛地理实体包括群岛列岛、海岛。

4. 按条目式编纂。

（1）海域地理实体的条目编排顺序，在同一省份内，按市级行政区划代码由小到大排列，在县级行政区域内按地理位置自北向南、自西向东排列。

（2）群岛列岛的条目编排顺序，原则上在省级行政区域内按地理位置自北向南、自西向东排列；有包含关系的群岛列岛，范围大的排前。

（3）海岛的条目编排顺序，在同一省份内，按市级行政区划代码由小到大排列，在县级行政区域内原则上按地理位置自北向南、自西向东排列。有主岛和附属岛的，主岛排前。

5. 入志范围。

（1）海域地理实体部分。

海：2018 年国家海洋局、民政部公布的《我国部分海域海岛标准名称》（以下简称《标准名称》）中收录的海。

海湾：《标准名称》中面积大于 5 平方千米的海湾和小于 5 平方千米的典型海湾。

海峡：《标准名称》中收录的海峡。

水道：《标准名称》中最窄宽度大于 1 千米且最大水深大于 5 米的水道和已开发为航道的其他水道。

滩：《标准名称》中直接与陆地相连，且长度大于 1 千米的滩。

半岛：《标准名称》中面积大于 5 平方千米的半岛。

岬角：《标准名称》中已开发利用的岬角。

河口：《标准名称》中河口对应河流的流域面积大于 1 000 平方千米的河口和省级界河口。

（2）海岛地理实体部分。

群岛、列岛：《标准名称》中大陆沿海的所有群岛、列岛。

海岛：《标准名称》中收录的海岛。

6. 实事求是地记述我国海域地理实体、海岛地理实体的地名含义及历史沿革；全面真实地反映地理实体的自然属性和社会经济属性。对相关属性的描述侧重当前状态。上限力求追溯事物发端，下限至 2011 年年底，个别特殊事物和事件适当下延。

7. 录用的资料和数据来源。

地名的含义和历史沿革，取自正史、旧志、地名词典、档案、文件、实地调访以及其他地名资料。

群岛列岛地理位置为遥感调查。海岛地理位置为现场实测，并与遥感调查比对。

岸线长度、近岸距离、面积，为本次普查遥感测量数据。

最高点高程，取自正史、旧志、调查报告、现场实测等。

人口，取自现场调查、民政部门登记资料以及官方网站公布数据。

统计数据，取自统计公报、年鉴、期刊等公开资料。

8. 数据精确度按以下位数要求。如引用的数据精确度不足以下要求位数的，保留引用位数；如引用的数据精确度超过要求位数的，按四舍五入原则留舍。

地理位置经纬度精确到分位小数点后一位数。

湾口宽度、海峡和水道的最窄宽度、河口宽度，小于 1 千米的，单位用"米"，精确到整数位；大于或等于 1 千米的，单位用"千米"，精确到小数点后两位。

岸线长度、近陆距离大于 1 千米的，单位用"千米"，保留两位小数；小于 1 千米的，单位用"米"，保留整数。

面积大于 0.01 平方千米的，单位用"平方千米"，保留四位小数；小于 0.01 平方千米的，单位用"平方米"，保留整数。

高程和水深的单位用"米"，精确到小数点后一位数。

9. 地名的汉语拼音，按 1984 年 12 月 25 日中国地名委员会、中国文字改革委员会、国家测绘局颁布的《中国地名汉语拼音字母拼写规则（汉语地名部分）》拼写。

10. 采用规范的语体文、记述体。行文用字采用国家语言文字工作委员会最新公布的简化汉字。个别地名，如"磢""矿""沥"等方言字、土字因通行于一定区域，予以保留。

11. 标点符号按中华人民共和国国家标准《标点符号用法》（GB/T 15834－1995）执行。

12. 度量衡单位名称、符号使用，采用国务院 1984 年 3 月 4 日颁布的《中华人民共和国法定计量单位的有关规定》。

13. 地名索引以汉语拼音首字母排列。

14. 本志中各分卷收录的地理实体条目和各地理实体相对位置的表述，不作为确定行政归属的依据。

15. 本志中下列用语的含义：

海，是指海洋的边缘部分，是大洋的附属部分。

海湾，是指海或洋深入陆地形成的明显水曲，且水曲面积不小于以口门宽度为直径的半圆面积的海域。

海峡，是指陆地之间连接两个海或洋的狭窄水道或狭窄水面。

水道，是指陆地边缘、陆地与海岛、海岛与海岛之间的具有一定深度、可通航的狭窄水面。一般比海峡小或是海峡的次一级名称。

滩，是指高潮时被海水淹没、低潮时露出，并与陆地相连的滩地。根据物质组成和成因，可分为海滩、潮滩（粉砂淤泥质）和岩滩。

半岛，是指伸入海洋，一面同大陆相连，其余三面被水包围的陆地。

岬角，是指突入海中、具有较大高度和陡崖的尖形陆地。

河口，是指河流终端与海洋水体相结合的地段。

海岛，是指四面环海水并在高潮时高于水面的自然形成的陆地区域。

有居民海岛，是指属于居民户籍管理的住址登记地的海岛。

常住人口，是指户口在本地但外出不满半年或在境外工作学习的人口与户口不在本地但在本地居住半年以上的人口之和。

群岛，是指彼此相距较近的成群分布的岛群。

列岛，一般指线形或弧形排列分布的岛链。

目　录

海岛地理实体
海　岛

海岛地理实体
HAIDAO DILI SHITI

海　岛

东角礁（Dōngjiǎo Jiāo）

北纬 28°37.2′，东经 121°45.0′。位于台州市椒江区东北部海域，属台州列岛，距大陆最近点 13.97 千米。《椒江市地名志》（1987）、《浙江省海域地名录》（1988）、《中国海域地名图集》（1991）均记为东角礁。岸线长 190 米，面积 1 624 平方米，最高点高程 6.6 米。基岩岛。无植被。

撑焦中岛（Chēngjiāo Zhōngdǎo）

北纬 28°37.2′，东经 121°44.8′。位于台州市椒江区东北部海域，属台州列岛，距大陆最近点 13.79 千米。第二次全国海域地名普查时命今名。岸线长 264 米，面积 3 667 平方米。基岩岛。长有草丛。

锥礁（Zhuī Jiāo）

北纬 28°37.1′，东经 121°52.1′。位于台州市椒江区东北部海域，属台州列岛，距大陆最近点 23.26 千米。《浙江海岛志》（1998）记为 2195 号无名岛。2010 年浙江省人民政府公布的第一批无居民海岛名称为锥礁。因其形似锥子，故名。岸线长 183 米，面积 1 696 平方米，最高点高程 5.5 米。基岩岛，由上侏罗统九里坪组流纹（斑）岩构成，无植被。岛上建有航标灯塔 1 座。

百北礁（Bǎiběi Jiāo）

北纬 28°37.1′，东经 121°52.0′。位于台州市椒江区东北部海域，属台州列岛，距大陆最近点 23.03 千米。《椒江市地名志》（1987）、《浙江省海域地名录》（1988）、《中国海域地名图集》（1991）均记为百北礁。岸线长 138 米，面积 1 098 平方米，最高点高程 6.1 米。基岩岛。无植被。

百东礁（Bǎidōng Jiāo）

北纬 28°37.1′，东经 121°52.2′。位于台州市椒江区东北部海域，属台州列岛，距大陆最近点 23.32 千米。《浙江海岛志》（1998）记为 2197 号无名岛。2010

年浙江省人民政府公布的第一批无居民海岛名称记为百东礁。岸线长 139 米，面积 1 074 平方米，最高点高程 10.5 米。基岩岛，由上侏罗统九里坪组流纹（斑）岩构成。无植被。

下擂鼓礁 (Xiàléigǔ Jiāo)

北纬 28°37.0′，东经 121°48.7′。位于台州市椒江区东北部海域，属台州列岛，距大陆最近点 18.52 千米。《椒江市地名志》（1987）、《浙江省海域地名录》（1988）、《中国海域地名图集》（1991）、《浙江海岛志》（1998）、《全国海岛名称与代码》（2008）和 2010 年浙江省人民政府公布的第一批无居民海岛名称均记为下擂鼓礁。因其形似鼓，海浪击岩时似擂鼓声，处于上擂鼓礁东侧，与上擂鼓礁相对，故名。岸线长 179 米，面积 1 928 平方米，最高点高程 7.5 米。基岩岛，由上侏罗统西山头组熔结凝灰岩构成。无植被。

海豚礁 (Hǎitún Jiāo)

北纬 28°36.9′，东经 121°52.0′。位于台州市椒江区东北部海域，属台州列岛，距大陆最近点 23.27 千米。《浙江海岛志》（1998）记为 2200 号无名岛。2010 年浙江省人民政府公布的第一批无居民海岛名称为海豚礁。因其形状酷似海豚，故名。岸线长 143 米，面积 1 402 平方米，最高点高程 20.5 米。基岩岛，由上侏罗统九里坪组流纹（斑）岩构成。无植被。

小百南母礁 (Xiǎobǎinán Mǔjiāo)

北纬 28°36.8′，东经 121°51.5′。位于台州市椒江区东北部海域，属台州列岛，距大陆最近点 22.6 千米。《浙江海岛志》（1998）记为 2203 号无名岛。2010 年浙江省人民政府公布的第一批无居民海岛名称为小百南母礁。因相比于小百南子礁面积较大，"母"喻其大，故名。岸线长 137 米，面积 1 183 平方米，最高点高程 16 米。基岩岛，由上侏罗统九里坪组流纹（斑）岩构成。长有草丛。

小百南子礁 (Xiǎobǎinán Zǐjiāo)

北纬 28°36.8′，东经 121°51.5′。位于台州市椒江区东北部海域，属台州列岛，距大陆最近点 22.64 千米。《浙江海岛志》（1998）记为 2204 号无名岛。2010 年浙江省人民政府公布的第一批无居民海岛名称为小百南子礁。因相比于小百南母礁面积较小，"子"喻其小，故名。岸线长 136 米，面积 774 平方米，最高点高程 11 米。基岩岛，由上侏罗统九里坪组流纹（斑）岩构成。无植被。

上擂鼓礁 (Shàngléigǔ Jiāo)

北纬 28°36.7′，东经 121°47.7′。位于台州市椒江区东北部海域，属台州列岛，距大陆最近点 17.62 千米。《中国海洋岛屿简况》（1980）、《椒江市地名志》（1987）、《浙江省海域地名录》（1988）、《中国海域地名志》（1989）、《中国海域地名图集》（1991）、《浙江海岛志》（1998）、《全国海岛名称与代码》（2008）和 2010 年浙江省人民政府公布的第一批无居民海岛名称均记为上擂鼓礁。因其形似鼓，海浪击岩时似擂鼓声，处于下擂鼓礁西侧，与下擂鼓礁相对，故名。岸线长 195 米，面积 2 320 平方米，最高点高程 6.8 米。基岩岛，由上侏罗统西山头组熔结凝灰岩构成。无植被。

鲹呼礁 (Shēnhū Jiāo)

北纬 28°36.4′，东经 121°48.8′。位于台州市椒江区东北部海域，属台州列岛，距大陆最近点 19.37 千米。《椒江市地名志》（1987）、《浙江省海域地名录》（1988）、《中国海域地名图集》（1991）均记为鲹呼礁。因岛状似鲹呼（俗称呼鱼），故名。岸线长 81 米，面积 463 平方米，最高点高程 5.5 米。基岩岛。无植被。

牛栏夹礁 (Niúlánjiā Jiāo)

北纬 28°36.2′，东经 121°49.1′。位于台州市椒江区东北部海域，属台州列岛，距大陆最近点 20.08 千米。又名牛栏夹礁 -2、牛礁。《椒江市地名志》（1987）、《浙江省海域地名录》（1988）、《浙江海岛志》（1998）均记为牛栏夹礁。《中国海域地名图集》（1991）记为牛礁。《全国海岛名称与代码》（2008）记为牛栏夹礁 -2。2010 年浙江省人民政府公布的第一批无居民海岛名称为牛栏夹礁。因其所在海域有多个海岛，呈东北—西南走向，条状分布，如牛舍木栅，俗称牛栏夹（栅），故名。岸线长 254 米，面积 2 448 平方米，最高点高程 8.1 米。基岩岛，由上侏罗统西山头组熔结凝灰岩构成。无植被。

牛栏夹南礁 (Niúlánjiā Nánjiāo)

北纬 28°36.1′，东经 121°49.1′。位于台州市椒江区东北部海域，属台州列岛，距大陆最近点 20.1 千米。又名牛栏夹礁、牛栏夹礁 –3。《浙江省海域地名录》（1988）记为牛栏夹礁。《浙江海岛志》（1998）记为 2210 号无名岛。《全国海岛名称与代码》（2008）记为牛栏夹礁 –3。2010 年浙江省人民政府公布的第一批无居民海岛名称为牛栏夹南礁。因其位于牛栏夹礁南侧，故名。岸线长 147 米，面积 1 049 平方米，最高点高程 5.6 米。基岩岛，由上侏罗统西山头组熔结凝灰岩构成。无植被。

牛栏夹北岛 (Niúlánjiā Běidǎo)

北纬 28°36.3′，东经 121°49.1′。位于台州市椒江区东北部海域，属台州列岛，距大陆最近点 20 千米。又名牛栏夹礁 –1。《浙江海岛志》（1998）记为 2208 号无名岛。《全国海岛名称与代码》（2008）记为牛栏夹礁 –1。2010 年浙江省人民政府公布的第一批无居民海岛名称为渗呼礁（实属误称，根据历史资料显示及现场核实，该名称的实际地理实体应为"鲹呼礁"）。因使用文字不规范，第二次全国海域地名普查时更为今名。因其位于牛栏夹礁北侧，故名。岸线长 125 米，面积 1 147 平方米，最高点高程 5.5 米。基岩岛，由上侏罗统西山头组熔结凝灰岩构成。无植被。

牛栏夹东岛 (Niúlánjiā Dōngdǎo)

北纬 28°36.2′，东经 121°49.2′。位于台州市椒江区东北部海域，属台州列岛，距大陆最近点 20.08 千米。因其位于牛栏夹礁偏东海域，第二次全国海域地名普查时命今名。岸线长 156 米，面积 1 199 平方米。基岩岛，由上侏罗统西山头组熔结凝灰岩构成。无植被。

牛礁 (Niú Jiāo)

北纬 28°36.2′，东经 121°49.0′。位于台州市椒江区东北部海域，属台州列岛，距大陆最近点 19.95 千米。《椒江市地名志》（1987）和《浙江省海域地名录》（1988）记为牛礁。因其处牛栏夹礁西侧近岸处，形似牛，故名。岸线长 125 米，面积 1098 平方米，最高点高程 6.1 米。基岩岛。无植被。

蛇山岛 (Shéshān Dǎo)

北纬 28°32.5′，东经 121°55.2′。位于台州市椒江区东部海域，上大陈岛东北约 3.5 千米，属台州列岛，距大陆最近点 28.05 千米。别名青屿。《中国海域地名志》（1989）和《浙江海岛志》（1998）记为蛇山岛，别名青屿。《中国海洋岛屿简况》（1980）、《椒江市地名志》（1987）、《浙江省海域地名录》（1988）、《中国海域地名图集》（1991）、《全国海岛名称与代码》（2008）和 2010 年浙江省人民政府公布的第一批无居民海岛名称均记为蛇山岛。因岛上蛇类较多，岛形又状似蛇盘踞在海中，故名。岸线长 1.88 千米，面积 0.101 9 平方千米，最高点高程 67.4 米。基岩岛，由上侏罗统九里坪组流纹斑岩等构成。长有灌木、草丛，有蛇、鼠、海鸟等动物。建有航标灯塔 1 座。

小蛇岛 (Xiǎoshé Dǎo)

北纬 28°32.3′，东经 121°55.2′。位于台州市椒江区东部海域，上大陈岛东北约 3.4 千米，属台州列岛，距大陆最近点 28.32 千米。因其位于蛇山岛海域，面积较小，第二次全国海域地名普查时命今名。岸线长 52 米，面积 104 平方米。基岩岛。无植被。

小七妹西岛 (Xiǎoqīmèi Xīdǎo)

北纬 28°31.1′，东经 121°53.5′。位于台州市椒江区东部海域，上大陈岛北约 230 米，属台州列岛，距大陆最近点 25.51 千米。因其处七妹西岛近旁，且面积相对较小，第二次全国海域地名普查时命今名。岸线长 150 米，面积 498 平方米。基岩岛。无植被。

七妹礁 (Qīmèi Jiāo)

北纬 28°31.0′，东经 121°53.6′。位于台州市椒江区东部海域，上大陈岛北约 140 米，属台州列岛，距大陆最近点 25.6 千米。又名兄妹礁－4、兄妹东礁。《椒江市地名志》（1987）和《浙江省海域地名录》（1988）记为七妹礁。《浙江海岛志》（1998）记为兄妹礁－4。2010 年浙江省人民政府公布的第一批无居民海岛名称为兄妹东礁。因其附近共有海岛 7 个，当地渔民将其拟人化，称"七妹"，故名。岸线长 146 米，面积 631 平方米，最高点高程 7.5 米。基岩岛。无植被。

七妹东岛 (Qīmèi Dōngdǎo)

北纬 28°31.1′，东经 121°53.6′。位于台州市椒江区东部海域，上大陈岛北约 190 米，属台州列岛，距大陆最近点 25.65 千米。因其位于七妹礁东侧，第二次全国海域地名普查时命今名。岸线长 49 米，面积 153 平方米。基岩岛。无植被。

七妹北岛 (Qīmèi Běidǎo)

北纬 28°31.1′，东经 121°53.6′。位于台州市椒江区东部海域，上大陈岛北约 180 米，属台州列岛，距大陆最近点 25.59 千米。又名七妹礁、兄妹礁 -3、兄妹南礁。《椒江市地名志》（1987）和《浙江省海域地名录》（1988）记为七妹礁。《浙江海岛志》（1998）记为兄妹礁 -3。2010 年浙江省人民政府公布的第一批无居民海岛名称为兄妹南礁。因其位于七妹礁北侧，故名。岸线长 70 米，面积 199 平方米，最高点高程 7.5 米。基岩岛。无植被。

七妹西岛 (Qīmèi Xīdǎo)

北纬 28°31.1′，东经 121°53.6′。位于台州市椒江区东部海域，上大陈岛北约 190 米，属台州列岛，距大陆最近点 25.51 千米。又名兄妹礁 -1、七妹礁、兄妹北礁。《椒江市地名志》（1987）和《浙江省海域地名录》（1988）记为七妹礁。《浙江海岛志》（1998）记为兄妹礁 -1。2010 年浙江省人民政府公布的第一批无居民海岛名称为兄妹北礁。因其位于七妹礁西侧，故名。岸线长 217 米，面积 671 平方米，最高点高程 6.1 米。基岩岛。无植被。

七妹南岛 (Qīmèi Nándǎo)

北纬 28°31.0′，东经 121°53.6′。位于台州市椒江区东部海域，上大陈岛北约 150 米，属台州列岛，距大陆最近点 25.56 千米。又名兄妹礁 -2、七妹礁、兄妹西礁。《椒江市地名志》（1987）和《浙江省海域地名录》（1988）记为七妹礁。《浙江海岛志》（1998）记为兄妹礁 -2。2010 年浙江省人民政府公布的第一批无居民海岛名称为兄妹西礁。因其位于七妹礁南侧，故名。岸线长 75 米，面积 297 平方米，最高点高程 5 米。基岩岛。无植被。

大陈狮子口礁 (Dàchén Shīzikǒu Jiāo)

北纬 28°30.9′，东经 121°53.6′。位于台州市椒江区东部海域，上大陈岛东约 20 米，属台州列岛，距大陆最近点 25.63 千米。《浙江海岛志》（1998）记为 2230 号无名岛。2010 年浙江省人民政府公布的第一批无居民海岛名称为大陈狮子口礁。因其位于上大陈岛帽后山附近，帽后山形似狮子口，故名。岸线长 137 米，面积 589 平方米，最高点高程 25.1 米。基岩岛，由上侏罗统九里坪组流纹（斑）岩构成。长有灌木、草丛。

兄妹礁 (Xiōngmèi Jiāo)

北纬 28°30.9′，东经 121°53.2′。位于台州市椒江区东部海域，上大陈岛北约 20 米，属台州列岛，距大陆最近点 24.98 千米。《椒江市地名志》（1987）、《浙江省海域地名录》（1988）、《中国海域地名图集》（1991）均记为称兄妹礁。因两岛相邻，像兄妹俩屹立在海边，故名。岸线长 65 米，面积 155 平方米，最高点高程 4.9 米。基岩岛。无植被。

兄妹礁一岛 (Xiōngmèijiāo Yīdǎo)

北纬 28°30.9′，东经 121°53.3′。位于台州市椒江区东部海域，上大陈岛北约 10 米，属台州列岛，距大陆最近点 25.11 千米。为兄妹礁东侧分布的两个海岛之一，离主岛较近，加序数"一"，第二次全国海域地名普查时命今名。岸线长 49 米，面积 119 平方米。基岩岛。无植被。

兄妹礁二岛 (Xiōngmèijiāo Èrdǎo)

北纬 28°30.9′，东经 121°53.4′。位于台州市椒江区东部海域，上大陈岛北约 40 米，属台州列岛，距大陆最近点 25.23 千米。为兄妹礁东侧分布的两个海岛之一，离主岛较远，加序数"二"，第二次全国海域地名普查时命今名。岸线长 25 米，面积 39 平方米。基岩岛。无植被。

菜刀礁 (Càidāo Jiāo)

北纬 28°30.7′，东经 121°53.3′。位于台州市椒江区东部海域，上大陈岛东约 5 米，属台州列岛，距大陆最近点 25.17 千米。《浙江海岛志》（1998）记为 2231 号无名岛。2010 年浙江省人民政府公布的第一批无居民海岛名称为菜刀礁。

因其形似菜刀，故名。岸线长 219 米，面积 1 303 平方米，最高点高程 16.5 米。基岩岛，由上侏罗统九里坪组流纹（斑）岩构成。无植被。

黄屿 (Huáng Yǔ)

北纬 28°30.3′，东经 121°52.0′。位于台州市椒江区东部海域，上大陈岛西约 80 米，属台州列岛，距大陆最近点 22.95 千米。《中国海洋岛屿简况》（1980）、《椒江市地名志》（1987）、《浙江省海域地名录》（1988）、《中国海域地名志》（1989）、《中国海域地名图集》（1991）、《浙江海岛志》（1998）、《全国海岛名称与代码》（2008）和 2010 年浙江省人民政府公布的第一批无居民海岛名称均记为黄屿。因岛周围岩石长期被海浪侵蚀，颜色呈黄色，故名。岸线长858 米，面积 0.023 2 平方千米，最高点高程 21.4 米。基岩岛，由上侏罗统西山头组熔结凝灰岩构成。岛东南侧山体地势较为平坦，设有简易钓鱼平台等。

张母真礁 (Zhāngmǔzhēn Jiāo)

北纬 28°30.2′，东经 121°54.3′。位于台州市椒江区东部海域，上大陈岛北约 70 米，属台州列岛，距大陆最近点 26.43 千米。曾名相骂精礁。《椒江市地名志》（1987）和《浙江省海域地名录》（1988）记为张母真礁，曾名相骂精礁。因该处水域有两个明礁，相距较近，海浪冲击礁石，日夜不停地发出"啪噔啪噔"的响声，像两个女人在互相咒骂，故称相骂精礁。又因"相骂精"与"张母真"三字谐音，故名。岸线长 80 米，面积 436 平方米，最高点高程 4.6 米。基岩岛。无植被。

小张母真岛 (Xiǎozhāngmǔzhēn Dǎo)

北纬 28°30.1′，东经 121°54.3′。位于台州市椒江区东部海域，上大陈岛北约 30 米，属台州列岛，距大陆最近点 26.41 千米。因其位于张母真礁近旁，且面积较小，第二次全国海域地名普查时命今名。岸线长 50 米，面积 153 平方米。基岩岛。无植被。

狗头咀礁 (Gǒutóuzuǐ Jiāo)

北纬 28°30.1′，东经 121°54.2′。位于台州市椒江区东部海域，上大陈岛东约 20 米，属台州列岛，距大陆最近点 26.23 千米。《椒江市地名志》（1987）、

《浙江省海域地名录》（1988）、《中国海域地名图集》（1991）均记为狗头咀礁。因其位于上大陈岛狗头咀近岸，故名。岸线长 44 米，面积 80 平方米。基岩岛。无植被。

狗头西礁 (Gǒutóu Xījiāo)

北纬 28°30.1′，东经 121°53.8′。位于台州市椒江区东部海域，上大陈岛东约 10 米，属台州列岛，距大陆最近点 25.61 千米。《浙江海岛志》（1998）记为 2235 号无名岛。2010 年浙江省人民政府公布的第一批无居民海岛名称为狗头西礁。因其处在上大陈岛狗头咀西侧，故名。岸线长 87 米，面积 314 平方米，最高点高程 3.5 米。基岩岛，由上侏罗统九里坪组流纹（斑）岩构成。无植被。

猫头礁 (Māotóu Jiāo)

北纬 28°30.0′，东经 121°54.8′。位于台州市椒江区东部海域，上大陈岛东约 140 米，属台州列岛，距大陆最近点 27.1 千米。《椒江市地名志》（1987）、《浙江省海域地名录》（1988）、《中国海域地名志》（1989）、《中国海域地名图集》（1991）、《浙江海岛志》（1998）、《全国海岛名称与代码》（2008）和 2010 年浙江省人民政府公布的第一批无居民海岛名称均记为猫头礁。因岛形状似猫头，故名。岸线长 53 米，面积 125 平方米，最高点高程 15 米。基岩岛，由上侏罗统西山头组熔结凝灰岩构成。无植被。

钓鱼亭礁 (Diàoyútíng Jiāo)

北纬 28°30.0′，东经 121°52.9′。位于台州市椒江区东部海域，上大陈岛西约 40 米，属台州列岛，距大陆最近点 24.22 千米。又名钓鱼亭岛。《浙江海岛志》（1998）记为钓鱼亭岛。2010 年浙江省人民政府公布的第一批无居民海岛名称为钓鱼亭礁。因以前常有人在此垂钓，将其喻为钓鱼亭，故名。岸线长 107 米，面积 494 平方米，最高点高程 6.6 米。基岩岛，由上侏罗统西山头组熔结凝灰岩构成。长有草丛。

南大坦礁 (Nándàtǎn Jiāo)

北纬 28°29.9′，东经 121°54.6′。位于台州市椒江区东部海域，上大陈岛东约 15 米，属台州列岛，距大陆最近点 26.67 千米。《浙江海岛志》（1998）记为 2238 号无名岛。2010 年浙江省人民政府公布的第一批无居民海岛名称为南大坦礁。岸线长 155 米，面积 1 129 平方米，最高点高程 5 米。基岩岛，由上侏罗统西山头组熔结凝灰岩构成。无植被。

上大陈岛 (Shàngdàchén Dǎo)

北纬 28°29.7′，东经 121°53.4′。位于台州市椒江区下大陈岛北侧，距台州市区约 52 千米，南隔大陈水道与下大陈岛相望，为台州列岛主岛之一，距大陆最近点 22.43 千米。又名上台、上大陈。《椒江市地名志》（1987）记为上大陈岛。《中国海域地名志》（1989）记为上大陈岛，又名上台。《中国海洋岛屿简况》（1980）、《浙江省海域地名录》（1988）、《浙江海岛志》（1998）、《全国海岛名称与代码》（2008）均记为上大陈岛。据传该岛原与大陆相连，后因地"沉"与大陆分离，"沉"与"陈"谐音，而演变为大陈。又据传，早年有一个姓陈的船老大，为了谋生，第一个驾船漂洋过海来到岛上，后人为了纪念他而将该岛取名为大陈。大陈岛有南、北两岛，当地群众称"北"为上，称"南"为下，该岛居北故名上大陈岛。"大陈"一名，最早见于明代《郑和航海图》。明嘉靖年间《太平县志》载"东南海岛惟大陈岛最大，有淡水，地膏腴"。清光绪年间《太平县志·叙山》图中载"上大陈、下大陈山图"名称。

岛体呈东北—西南走向，两头小、中间宽，为台州列岛最大岛屿。岸线长 38.06 千米，面积 6.870 3 平方千米，最高点高程 207 米。基岩岛，岩石大部分为上侏罗统西山头组熔结凝灰岩，北部为上侏罗统九里坪组流纹岩、流纹斑岩与凝灰熔岩互层，两者接触带附近见燕山晚期花岗斑岩。有居民海岛，隶属台州市椒江区，岛上设有南岙、北岙 2 个行政村。2011 年 6 月户籍人口 1 334 人，常住人口 1 450 人。经济以渔业捕捞为主，兼水产品加工、养殖、农耕等。岛上植被茂盛，多为当地居民种植，另有山羊、梅花鹿养殖。建有鱼粉厂、冷冻厂、元宝山风力发电站等设施。自然景观独特，有帽羽沙、乌沙头、象头岙等景点。建有通信、水电等基础设施，医院、银行、超市、酒店、旅馆、饭店等旅游配套设施。有 300 吨级客货码头 1 座，每天有客轮往返于椒江城区、下大陈岛之间。有公路纵贯全岛，车辆可达各岙口、码头。

固定礁 (Gùdìng Jiāo)

北纬 28°29.3′，东经 121°54.3′。位于台州市椒江区东部海域，上大陈岛东约 40 米，属台州列岛，距大陆最近点 25.79 千米。又名鼓铃礁。《浙江省海域地名录》（1988）和《中国海域地名志》（1989）记为固定礁，别名鼓铃礁。《中国海洋岛屿简况》（1980）、《椒江市地名志》（1987）、《浙江海岛志》（1998）、《全国海岛名称与代码》（2008）和 2010 年浙江省人民政府公布的第一批无居民海岛名称记为固定礁。因岛形状似鼓，像只铜铃，故称鼓铃礁，又因"鼓"与"固"，"铃"与"定"谐音，故称固定礁。岸线长 183 米，面积 1 963 平方米，最高点高程 25.9 米。基岩岛，由上侏罗统西山头组熔结凝灰岩构成。长有灌木、草丛。

羊角礁 (Yángjiǎo Jiāo)

北纬 28°29.3′，东经 121°54.0′。位于台州市椒江区东部海域，上大陈岛东约 30 米，属台州列岛，距大陆最近点 25.39 千米。《椒江市地名志》（1987）和《浙江省海域地名录》（1988）记为羊角礁。因岛似羊角形状，故名。岸线长 48 米，面积 125 平方米，最高点高程 6 米。基岩岛。无植被。

黄鱼礁 (Huángyú Jiāo)

北纬 28°29.1′，东经 121°54.0′。位于台州市椒江区东部海域，上大陈岛东约 60 米，属台州列岛，距大陆最近点 25.22 千米。《椒江市地名志》（1987）、《浙江省海域地名录》（1988）、《中国海域地名图集》（1991）均记为黄鱼礁。因附近水域盛产黄鱼，故名。岸线长 78 米，面积 155 平方米，最高点高程 6.5 米。基岩岛。长有草丛。

黄鱼一岛 (Huángyú Yīdǎo)

北纬 28°29.0′，东经 121°54.0′。位于台州市椒江区东部海域，上大陈岛东约 5 米，属台州列岛，距大陆最近点 25.2 千米。因是位于黄鱼礁附近的几个海岛之一，按距黄鱼礁由近及远加序数，第二次全国海域地名普查时命今名。岸线长 97 米，面积 452 平方米。基岩岛。长有灌木、草丛。

黄鱼二岛 (Huángyú Èrdǎo)

北纬 28°29.0′，东经 121°54.0′。位于台州市椒江区东部海域，上大陈岛东约 20 米，属台州列岛，距大陆最近点 25.23 千米。因是位于黄鱼礁附近的几个海岛之一，按距黄鱼礁由近及远加序数，第二次全国海域地名普查时命今名。岸线长 75 米，面积 320 平方米。基岩岛。无植被。

黄鱼三岛 (Huángyú Sāndǎo)

北纬 28°29.0′，东经 121°54.0′。位于台州市椒江区东部海域，上大陈岛东约 35 米，属台州列岛，距大陆最近点 25.23 千米。因是位于黄鱼礁附近的几个海岛之一，按距黄鱼礁由近及远加序数，第二次全国海域地名普查时命今名。岸线长 22 米，面积 23 平方米。基岩岛。无植被。

黄鱼四岛 (Huángyú Sìdǎo)

北纬 28°29.0′，东经 121°54.0′。位于台州市椒江区东部海域，上大陈岛东约 30 米，属台州列岛，距大陆最近点 25.19 千米。因是位于黄鱼礁附近的几个海岛之一，按距黄鱼礁由近及远加序数，第二次全国海域地名普查时命今名。岸线长 60 米，面积 201 平方米。基岩岛。无植被。

龙洞东礁 (Lóngdòng Dōngjiāo)

北纬 28°29.0′，东经 121°54.0′。位于台州市椒江区东部海域，上大陈岛东约 5 米，属台州列岛，距大陆最近点 25.18 千米。《椒江市地名志》(1987) 和《浙江省海域地名录》(1988) 记为龙洞东礁。因处上大陈岛钉枪头龙洞东侧，故名。岸线长 89 米，面积 321 平方米，最高点高程 15 米。基岩岛。长有灌木、草丛。

钩头北礁 (Gōutóu Běijiāo)

北纬 28°28.9′，东经 121°52.5′。位于台州市椒江区东部海域，上大陈岛西南约 10 米，属台州列岛，距大陆最近点 22.83 千米。《浙江海岛志》(1998) 记为 2246 号无名岛。2010 年浙江省人民政府公布的第一批无居民海岛名称为钩头北礁。因其位于上大陈岛钉钩头北侧，故名。岸线长 80 米，面积 415 平方米，最高点高程 8.4 米。基岩岛，由上侏罗统西山头组熔结凝灰岩构成。长有草丛。

钩头南礁 (Gōutóu Nánjiāo)

北纬 28°28.8′，东经 121°52.3′。位于台州市椒江区东部海域，上大陈岛西南约 1 米，属台州列岛，距大陆最近点 22.4 千米。《椒江市地名志》(1987)

记为钩头南礁。因处上大陈岛钉钩头南端，故名。岸线长 193 米，面积 1 269 平方米，最高点高程 6 米。基岩岛。长有草丛。

小高梨头岛 （Xiǎogāolítóu Dǎo）

北纬 28°28.8′，东经 121°54.1′。位于台州市椒江区东部海域，上大陈岛东南约 40 米，属台州列岛，距大陆最近点 25.22 千米。第二次全国海域地名普查时命今名。岸线长 181 米，面积 865 平方米。基岩岛。长有灌木、草丛。

高油礁 （Gāoyóu Jiāo）

北纬 28°28.7′，东经 121°53.6′。位于台州市椒江区东部海域，上大陈岛东南约 10 米，属台州列岛，距大陆最近点 24.3 千米。《浙江海岛志》（1998）记为 2249 号无名岛。《椒江市地名志》（1987）、《浙江省海域地名录》（1988）和 2010 年浙江省人民政府公布的第一批无居民海岛名称均记为高油礁。岸线长 143 米，面积 1 128 平方米，最高点高程 25.1 米。基岩岛，由上侏罗统西山头组熔结凝灰岩构成。长有灌木、草丛。

小高油岛 （Xiǎogāoyóu Dǎo）

北纬 28°28.7′，东经 121°53.5′。位于台州市椒江区东部海域，上大陈岛东南约 30 米，属台州列岛，距大陆最近点 24.24 千米。因其位于高油礁附近，且面积相对较小，第二次全国海域地名普查时命今名。岸线长 51 米，面积 113 平方米。基岩岛。无植被。

高油西岛 （Gāoyóu Xīdǎo）

北纬 28°28.7′，东经 121°53.4′。位于台州市椒江区东部海域，上大陈岛东南约 5 米，属台州列岛，距大陆最近点 24.08 千米。因其位于高油礁西侧海域，第二次全国海域地名普查时命今名。岸线长 77 米，面积 231 平方米。基岩岛。无植被。

旱门北岛 （Hànmén Běidǎo）

北纬 28°28.6′，东经 121°53.3′。位于台州市椒江区东部海域，上大陈岛南约 10 米，属台州列岛，距大陆最近点 23.81 千米。因其位于旱门礁东北侧，第二次全国海域地名普查时命今名。岸线长 73 米，面积 295 平方米。基岩岛。无植被。

旱门礁 (Hànmén Jiāo)

北纬 28°28.6′，东经 121°53.2′。位于台州市椒江区东部海域，上大陈岛南约 10 米，属台州列岛，距大陆最近点 23.65 千米。《浙江海岛志》（1998）记为 2250 号无名岛。《椒江市地名志》（1987）、《浙江省海域地名录》（1988）、《中国海域地名图集》（1991）和 2010 年浙江省人民政府公布的第一批无居民海岛名称均记为旱门礁。因其处在油菜花屿北侧旱门附近，故名。岸线长 102 米，面积 473 平方米，最高点高程 11 米。基岩岛，由上侏罗统西山头组熔结凝灰岩构成。无植被。

缸爿岛 (Gāngpán Dǎo)

北纬 28°28.5′，东经 121°52.3′。位于台州市椒江区东部海域，上大陈岛南约 260 米，属台州列岛，距大陆最近点 22.04 千米。曾名缸爿礁，又名缸爿屿、缸片岛。《椒江市地名志》（1987）记为缸爿礁。《浙江省海域地名录》（1988）记为缸爿岛，曾名缸爿礁。《中国海域地名志》（1989）、《浙江海岛志》（1998）、《全国海岛名称与代码》（2008）均记为缸片岛。2010 年浙江省人民政府公布的第一批无居民海岛名称为缸爿屿。因其周围岩石似缸爿形状，故名。岸线长 824 米，面积 0.011 3 平方千米，最高点高程 15.6 米。基岩岛，由上侏罗统西山头组熔结凝灰岩构成。长有灌木、草丛。岛东北端临近航道处建有航标灯塔 1 座。西南端设有钢结构"禁止锚泊"警示牌。

油菜花屿 (Yóucàihuā Yǔ)

北纬 28°28.4′，东经 121°53.1′。位于台州市椒江区东部海域，上大陈岛南约 80 米，属台州列岛，距大陆最近点 23.34 千米。曾名油菜花市。《中国海洋岛屿简况》（1980）记为油菜花市。《浙江省海域地名录》（1988）记为油菜花屿，曾名油菜花市。《椒江市地名志》（1987）、《中国海域地名志》（1989）、《浙江海岛志》（1998）、《全国海岛名称与代码》（2008）和 2010 年浙江省人民政府公布的第一批无居民海岛名称均记为油菜花屿。因岛上长野生油菜而得名。岸线长 990 米，面积 0.040 2 平方千米，最高点高程 58.1 米。基岩岛，由上侏罗统西山头组熔结凝灰岩构成。

油菜东礁 (Yóucài Dōngjiāo)

北纬28°28.4′，东经121°53.2′。位于台州市椒江区东部海域，上大陈岛南约310米，属台州列岛，距大陆最近点23.5千米。《浙江海岛志》（1998）记为2254号无名岛。《浙江省海域地名录》（1988）和2010年浙江省人民政府公布的第一批无居民海岛名称均记为油菜东礁。因其处在油菜花屿东侧而得名。岸线长206米，面积1 723平方米，最高点高程19.5米。基岩岛，由上侏罗统西山头组熔结凝灰岩构成。长有灌木、草丛。

油菜花东岛 (Yóucàihuā Dōngdǎo)

北纬28°28.4′，东经121°53.2′。位于台州市椒江区东部海域，上大陈岛南约330米，属台州列岛，距大陆最近点23.57千米。因其地处油菜花屿东侧海域，第二次全国海域地名普查时命今名。岸线长65米，面积160平方米。基岩岛。无植被。

油菜花北岛 (Yóucàihuā Běidǎo)

北纬28°28.5′，东经121°53.2′。位于台州市椒江区东部海域，上大陈岛南约160米，属台州列岛，距大陆最近点23.67千米。因其地处油菜花屿北侧海域，第二次全国海域地名普查时命今名。岸线长82米，面积248平方米。基岩岛。无植被。

小油菜花岛 (Xiǎoyóucàihuā Dǎo)

北纬28°28.4′，东经121°53.2′。位于台州市椒江区东部海域，上大陈岛南约340米，属台州列岛，距大陆最近点23.53千米。因其位于油菜花屿附近，面积较小，第二次全国海域地名普查时命今名。岸线长96米，面积247平方米。基岩岛。无植被。

油菜花南岛 (Yóucàihuā Nándǎo)

北纬28°28.4′，东经121°53.2′。位于台州市椒江区东部海域，上大陈岛南约370米，属台州列岛，距大陆最近点23.53千米。因其位于油菜花屿南侧海域，第二次全国海域地名普查时命今名。岸线长50米，面积104平方米。基岩岛。无植被。

孔东礁 (Kǒngdōng Jiāo)

北纬 28°28.2′，东经 121°53.2′。位于台州市椒江区东部海域，上大陈岛南约 660 米，属台州列岛，距大陆最近点 23.46 千米。《椒江市地名志》（1987）和《浙江省海域地名录》（1988）记为孔东礁。岸线长 168 米，面积 802 平方米，最高点高程 12 米。基岩岛。无植被。

孔横屿西岛 (Kǒnghéngyǔ Xīdǎo)

北纬 28°28.1′，东经 121°52.9′。位于台州市椒江区东侧海域，上大陈岛与下大陈岛之间，距上大陈岛约 790 米，属台州列岛，距大陆最近点 22.91 千米。第二次全国海域地名普查时命今名。岸线长 662 米，面积 8 315 平方米。基岩岛。

小礁头北岛 (Xiǎojiāotóu Běidǎo)

北纬 28°28.1′，东经 121°54.5′。位于台州市椒江区东侧海域，上大陈岛与下大陈岛之间，距下大陈岛约 1.4 千米，属台州列岛，距大陆最近点 25.47 千米。又名小礁头西礁。《浙江海岛志》（1998）记为 2258 号无名岛。2010 年浙江省人民政府公布的第一批无居民海岛名称为小礁头西礁。因实际位于小礁头礁北侧，第二次全国海域地名普查时更为今名。岸线长 84 米，面积 248 平方米，最高点高程 5 米。基岩岛，由上侏罗统西山头组熔结凝灰岩构成。无植被。

小礁头西岛 (Xiǎojiāotóu Xīdǎo)

北纬 28°28.1′，东经 121°54.5′。位于台州市椒江区东部海域，上大陈岛与下大陈岛之间，距下大陈岛约 1.4 千米，属台州列岛，距大陆最近点 25.4 千米。又名小礁头礁、小礁头南礁、小礁头礁－1。《中国海洋岛屿简况》（1980）、《浙江省海域地名录》（1988）、《中国海域地名志》（1989）均记为小礁头礁。《浙江海岛志》（1998）记为 2260 号无名岛。《全国海岛名称与代码》（2008）记为小礁头礁－1。2010 年浙江省人民政府公布的第一批无居民海岛名称为小礁头南礁。因实际位于小礁头礁西侧，第二次全国海域地名普查时更为今名。岸线长 217 米，面积 1 783 平方米，最高点高程 14.1 米。基岩岛，由上侏罗统西山头组熔结凝灰岩构成。长有草丛。建有航标灯塔 1 座。

小礁头东礁 (Xiǎojiāotóu Dōngjiāo)

北纬 28°28.1′，东经 121°54.5′。位于台州市椒江区东部海域，上大陈岛与下大陈岛之间，距下大陈岛约 1.4 千米，属台州列岛，距大陆最近点 25.49 千米。《浙江海岛志》（1998）记为 2259 号无名岛。2010 年浙江省人民政府公布的第一批无居民海岛名称为小礁头东礁。因其处在小礁头礁东侧海域，故名。岸线长 55 米，面积 167 平方米，最高点高程 5.5 米。基岩岛，由上侏罗统西山头组熔结凝灰岩构成。无植被。

小礁头礁 (Xiǎojiāotóu Jiāo)

北纬 28°28.1′，东经 121°54.5′。位于台州市椒江区东部海域，上大陈岛与下大陈岛之间，距下大陈岛约 1.4 千米，属台州列岛，距大陆最近点 25.4 千米。又名小礁头礁－2。《全国海岛名称与代码》（2008）记为小礁头礁－2。《中国海洋岛屿简况》（1980）、《浙江省海域地名录》（1988）、《中国海域地名志》（1989）、《浙江海岛志》（1998）、2010 年浙江省人民政府公布的第一批无居民海岛名称均记为小礁头礁。因喻其小，当地方言称"小礁头"，故名。岸线长 262 米，面积 2 716 平方米，最高点高程 14.1 米。基岩岛，由上侏罗统西山头组熔结凝灰岩构成。长有草丛。

困龙北岛 (Kùnlóng Běidǎo)

北纬 28°28.1′，东经 121°54.6′。位于台州市椒江区东部海域，上大陈岛与下大陈岛之间，距下大陈岛约 1.3 千米，属台州列岛，距大陆最近点 25.54 千米。第二次全国海域地名普查时命今名。岸线长 126 米，面积 616 平方米。基岩岛。无植被。

困龙东礁 (Kùnlóng Dōngjiāo)

北纬 28°28.0′，东经 121°54.7′。位于台州市椒江区东部海域，上大陈岛与下大陈岛之间，距下大陈岛约 1.1 千米，属台州列岛，距大陆最近点 25.66 千米。《浙江海岛志》（1998）记为 2264 号无名岛。2010 年浙江省人民政府公布的第一批无居民海岛名称为困龙东礁。岸线长 126 米，面积 502 平方米，最高点高程 4 米。基岩岛，由上侏罗统西山头组熔结凝灰岩构成。无植被。

困龙西礁 (Kùnlóng Xījiāo)

北纬 28°28.0′，东经 121°54.5′。位于台州市椒江区东部海域，上大陈岛与下大陈岛之间，距下大陈岛约 1.1 千米，属台州列岛，距大陆最近点 25.42 千米。《椒江市地名志》（1987）和《浙江省海域地名录》（1988）记为困龙西礁。岸线长 59 米，面积 165 平方米，最高点高程 3 米。基岩岛。无植被。

屏北礁 (Píngběi Jiāo)

北纬 28°28.0′，东经 121°54.8′。位于台州市椒江区东部海域，上大陈岛与下大陈岛之间，距下大陈岛约 1 千米，属台州列岛，距大陆最近点 25.83 千米。《浙江海岛志》（1998）记为 2265 号无名岛。2010 年浙江省人民政府公布的第一批无居民海岛名称为屏北礁。岸线长 220 米，面积 1 234 平方米，最高点高程 25.8 米。基岩岛，由上侏罗统西山头组熔结凝灰岩构成。长有灌木、草丛。

西猪腰岛 (Xīzhūyāo Dǎo)

北纬 28°28.1′，东经 121°51.8′。位于台州市椒江区东部海域，上大陈岛西南约 1.3 千米，属台州列岛，距大陆最近点 20.99 千米。又名猪腰屿。《中国海洋岛屿简况》（1980）、《椒江市地名志》（1987）、《浙江省海域地名录》（1988）、《中国海域地名志》（1989）、《浙江海岛志》（1998）、《全国海岛名称与代码》（2008）均记为猪腰屿。2010 年浙江省人民政府公布的第一批无居民海岛名称为西猪腰岛。因东西排列的两岛形似猪腰，该岛位于西侧，故名。岸线长 1.54 千米，面积 0.053 4 平方千米，最高点高程 44.7 米。基岩岛，由上侏罗统西山头组熔结凝灰岩构成。

西山东礁 (Xīshān Dōngjiāo)

北纬 28°27.9′，东经 121°55.0′。位于台州市椒江区东部海域，上大陈岛与下大陈岛之间，距下大陈岛约 1 千米，属台州列岛，距大陆最近点 26.06 千米。《浙江海岛志》（1998）记为 2266 号无名岛。《椒江市地名志》（1987）、《浙江省海域地名录》（1988）、2010 年浙江省人民政府公布的第一批无居民海岛名称均记为西山东礁。岸线长 216 米，面积 759 平方米，最高点高程 11 米。基岩岛，由上侏罗统西山头组熔结凝灰岩构成。无植被。

黑白西礁 (Hēibái Xījiāo)

北纬28°27.2′，东经121°54.9′。位于台州市椒江区东部海域，下大陈岛东约100米，属台州列岛，距大陆最近点25.68千米。又名黑白礁、汉贝礁。《浙江省海域地名录》（1988）记为黑白礁，又名汉贝礁。《浙江海岛志》（1998）记为2274号无名岛。《椒江市地名志》（1987）和《全国海岛名称与代码》（2008）记为黑白礁。2010年浙江省人民政府公布的第一批无居民海岛名称为黑白西礁。因其位于黑白礁西侧，故名。岸线长124米，面积412平方米，最高点高程6.7米。基岩岛，由燕山晚期钾长花岗岩构成。无植被。

黑白礁 (Hēibái Jiāo)

北纬28°27.2′，东经121°55.0′。位于台州市椒江区东部海域，下大陈岛东侧，距下大陈岛约160米，属台州列岛，距大陆最近点25.72千米。又名汉贝礁。《浙江省海域地名录》（1988）记为黑白礁，又称汉贝礁。《椒江市地名志》（1987）、《浙江海岛志》（1998）、《全国海岛名称与代码》（2008）和2010年浙江省人民政府公布的第一批无居民海岛名称均记为黑白礁。该岛由两相邻礁石组成，受阳光照射，一边暗（黑），一边明（白），故名。因两礁对峙海上，像庙里一对汉贝，又称汉贝礁。岸线长95米，面积459平方米，最高点高程8.5米。基岩岛，由燕山晚期钾长花岗岩构成。无植被。

甲午北礁 (Jiáwǔ Běijiāo)

北纬28°26.9′，东经121°54.6′。位于台州市椒江区东部海域，下大陈岛东约25米，属台州列岛，距大陆最近点25.1千米。《浙江海岛志》（1998）记为2276号无名岛。2010年浙江省人民政府公布的第一批无居民海岛名称为甲午北礁。岸线长123米，面积454平方米，最高点高程13.8米。基岩岛，由燕山晚期钾长花岗岩构成。无植被。

甲午南岛 (Jiáwǔ Nándǎo)

北纬28°26.8′，东经121°54.5′。位于台州市椒江区东部海域，下大陈岛东约55米，属台州列岛，距大陆最近点24.86千米。第二次全国海域地名普查时命今名。岸线长23米，面积35平方米。基岩岛。无植被。

鞋前礁 (Xiéqián Jiāo)

北纬 28°26.8′，东经 121°54.5′。位于台州市椒江区东部海域，下大陈岛东约 20 米，属台州列岛，距大陆最近点 24.87 千米。《浙江海岛志》（1998）记为 2278 号无名岛。2010 年浙江省人民政府公布的第一批无居民海岛名称为鞋前礁。岸线长 209 米，面积 1 488 平方米，最高点高程 17.5 米。基岩岛，由燕山晚期钾长花岗岩构成。无植被。

下大陈岛 (Xiàdàchén Dǎo)

北纬 28°26.7′，东经 121°53.5′。位于台州市椒江区台州湾口东南部海域，距台州市区约 49 千米，北隔大陈水道与上大陈岛相望，为台州列岛主岛之一，距大陆最近点 20.29 千米。又名下台、下大陈山。"大陈"一名，最早见于《郑和航海图》。明嘉靖年间《太平县志》载"东南海岛惟大陈岛最大，有淡水，地膏腴"。清光绪年间《太平县志·叙山》图载"上大陈、下大陈山图"名称。《中国海域地名志》（1989）记为下大陈岛，又名下台。《中国海洋岛屿简况》（1980）、《椒江市地名志》（1987）、《浙江省海域地名录》（1988）、《浙江海岛志》（1998）、《全国海岛名称与代码》（2008）均记为下大陈岛。据传大陈岛原与大陆相连，后因地"沉"与大陆分离，"沉"与"陈"谐音，而演变为大陈。因岛处上大陈岛南面，当地群众称"南"为"下"，故名。

基岩岛。岸线长 25.83 千米，面积 4.402 5 平方千米，最高点高程 228.6 米。岛体形如倒"7"字形，呈东北—西南走向，西部高、东部低，东西最宽处约 1.38 千米，南北长约 6.6 千米。该岛西南部为凝灰岩夹沉积岩，东北部为钾长花岗岩。长有乔木、灌木、草丛，野生动物有鼠、蛇、麻雀、海鸥等。岛上阳光充足，四季分明，冬暖夏凉，是典型的亚热带气候。主峰为凤尾山，东侧有黄夫樵山，北侧有五虎山，山山相连，岗峦起伏，西半部较陡，坡度约 35°，东半部较缓，坡度约 25°。东北部形成一个优良的浪通门避风港，港内水深 1～4 米，可避西南—东北风，能停泊数千艘大小渔船。南部小岙里避风港，可避东北—西北风。北部有大沙头避风港，可避东南风。

有居民海岛。原属温岭市，1980 年划归椒江区，现为椒江区大陈镇人民政府驻地。2011 年 6 月户籍人口 2 314 人，常住人口 2 123 人。经济以渔业为主，建有鱼粉厂、冷冻厂等，周围渔业资源丰富，有浙江省第二大渔场 —— 大陈渔场；兼农耕，种植番薯、柑橘、茶叶、蔬菜等作物。旅游资源丰富，建有大陈岛青少年宫、垦荒创业陈列馆、胡耀邦纪念馆等。有较多自然景观，其中甲午岩以造型雄奇见长，有"东海第一盆景"之称。1958 年兴建南磊坑水库，同时修复民国时期建造的玻璃坑水库，饮用水基本解决。建有 1 座小型火力发电厂。2009 年，大陆铺设海底电缆至岛上，基本满足居民用电需求。北侧扬府咀处建有 300 吨级客货码头 1 座，大沙头港湾处建有齿形钢筋混凝土重力式码头 1 座。建有环山公路，可达各码头、岙口。每天有班轮往返于上大陈岛、椒江城区之间。2012 年 9 月，浙江省人民政府将大陈岛列为省级海洋开发与保护示范岛，定位为"一岛两区两基地"，即浙江生态渔业示范区、浙江海洋文化旅游示范区、浙江沿海重要物资储运基地、海峡两岸文化交流合作基地，打造浙东南特色开发保护示范岛。

南岙北礁 （Nán'ào Běijiāo）

北纬 28°26.7′，东经 121°54.3′。位于台州市椒江区东部海域，下大陈岛东南约 20 米，属台州列岛，距大陆最近点 24.48 千米。《椒江市地名志》（1987）和《浙江省海域地名录》（1988）记为南岙北礁。因其处下大陈岛大小浦南岙坡北侧，故名。岸线长 56 米，面积 92 平方米，最高点高程 3 米。基岩岛。无植被。

打洋礁 （Dǎyáng Jiāo）

北纬 28°26.6′，东经 121°54.1′。位于台州市椒江区东部海域，下大陈岛东南约 60 米，属台州列岛，距大陆最近点 24.22 千米。《椒江市地名志》（1987）、《浙江海岛志》（1998）和 2010 年浙江省人民政府公布的第一批无居民海岛名称均记为打洋礁。因当地渔民出海捕鱼时均经过此礁，而渔民出海捕鱼为"打鱼"，俗称"打洋"，故名。岸线长 99 米，面积 660 平方米，最高点高程 6.6 米。基岩岛，由燕山晚期钾长花岗岩构成。无植被。

小网里礁 （Xiǎowǎnglǐ Jiāo）

北纬 28°26.5′，东经 121°53.7′。位于台州市椒江区东部海域，下大陈岛东南约 20 米,属台州列岛,距大陆最近点 23.49 千米。《浙江海岛志》(1998)记为 2284 号无名岛。2010 年浙江省人民政府公布的第一批无居民海岛名称为小网里礁。因其处在大网里礁附近,面积相对较小,故名。岸线长 76 米,面积 283 平方米,最高点高程 6.5 米。基岩岛,由上侏罗统西山头组熔结凝灰岩构成。无植被。

大网里礁 (Dàwǎnglǐ Jiāo)

北纬 28°26.4′,东经 121°53.7′。位于台州市椒江区东部海域,下大陈岛东南约 50 米,属台州列岛,距大陆最近点 23.36 千米。又名大网里岛。《浙江海岛志》(1998)记为大网里岛。2010 年浙江省人民政府公布的第一批无居民海岛名称为大网里礁。名称含义不详。岸线长 233 米,面积 1 230 平方米,最高点高程 13.9 米。基岩岛,由上侏罗统西山头组熔结凝灰岩构成。无植被。

大网里一岛 (Dàwǎnglǐ Yīdǎo)

北纬 28°26.4′,东经 121°53.7′。位于台州市椒江区东部海域,下大陈岛东南约 10 米,属台州列岛,距大陆最近点 23.43 千米。因其为大网里礁附近的几个海岛之一,按逆时针排列加序数,第二次全国海域地名普查时命今名。岸线长 183 米,面积 588 平方米。基岩岛。无植被。

大网里二岛 (Dàwǎnglǐ Èrdǎo)

北纬 28°26.4′,东经 121°53.7′。位于台州市椒江区东部海域,距大陆最近点 23.46 千米。因其为大网里礁附近的几个海岛之一,按逆时针排列加序数,第二次全国海域地名普查时命今名。岸线长 90 米,面积 217 平方米。基岩岛。无植被。

大网里三岛 (Dàwǎnglǐ Sāndǎo)

北纬 28°26.5′,东经 121°53.7′。位于台州市椒江区东部海域,下大陈岛东南约 2 米,属台州列岛,距大陆最近点 23.49 千米。因其为大网里礁附近的几个海岛之一,按逆时针排列加序数,第二次全国海域地名普查时命今名。岸线长 53 米,面积 132 平方米。基岩岛。无植被。

岙里东礁 (Àolǐ Dōngjiāo)

北纬 28°26.3′，东经 121°53.1′。位于台州市椒江区东部海域，下大陈岛南约 10 米，属台州列岛，距大陆最近点 22.42 千米。《浙江海岛志》（1998）记为 2286 号无名岛。2010 年浙江省人民政府公布的第一批无居民海岛名称为岙里东礁。因其位于下大陈岛凤尾山小岙里东侧，故名。岸线长 130 米，面积 823 平方米，最高点高程 7.6 米。基岩岛，由上侏罗统西山头组熔结凝灰岩构成。长有草丛。

北岙里东岛 (Běi'àolǐ Dōngdǎo)

北纬 28°26.3′，东经 121°53.1′。位于台州市椒江区东部海域，下大陈岛南约 5 米，属台州列岛，距大陆最近点 22.44 千米。因其位于岙里东礁北侧，第二次全国海域地名普查时命今名。岸线长 47 米，面积 161 平方米。基岩岛。无植被。

南岙里东岛 (Nán'àolǐ Dōngdǎo)

北纬 28°26.3′，东经 121°53.1′。位于台州市椒江区东部海域，下大陈岛南约 5 米，属台州列岛，距大陆最近点 22.42 千米。因其位于岙里东礁南侧，第二次全国海域地名普查时命今名。岸线长 60 米，面积 205 平方米。基岩岛。长有灌木、草丛。

哑巴东岛 (Yǎba Dōngdǎo)

北纬 28°26.3′，东经 121°53.5′。位于台州市椒江区东部海域，下大陈岛东南约 15 米，属台州列岛，距大陆最近点 23.03 千米。因其处在下大陈岛哑巴山东侧，第二次全国海域地名普查时命今名。岸线长 69 米，面积 194 平方米。基岩岛。无植被。

哑巴礁 (Yǎba Jiāo)

北纬 28°26.1′，东经 121°53.4′。位于台州市椒江区东部海域，下大陈岛东南约 10 米，属台州列岛，距大陆最近点 22.9 千米。《浙江海岛志》（1998）记为 2289 号无名岛。《椒江市地名志》（1987）、《浙江省海域地名录》（1988）和 2010 年浙江省人民政府公布的第一批无居民海岛名称均记为哑巴礁。因其位于哑巴山东侧，故名。岸线长 128 米，面积 546 平方米，最高点高程 6.3 米。基岩岛，由上侏罗统西山头组熔结凝灰岩构成。无植被。

道头岛 (Dàotóu Dǎo)

北纬 28°26.0′，东经 121°52.0′。位于台州市椒江区东部海域，下大陈岛西南约 12 米，属台州列岛，距大陆最近点 20.52 千米。因其位于下大陈岛马道头附近，第二次全国海域地名普查时命今名。岸线长 38 米，面积 93 平方米。基岩岛。无植被。

道西岛 (Dàoxī Dǎo)

北纬 28°25.9′，东经 121°51.9′。位于台州市椒江区东部海域，下大陈岛西南约 30 米，属台州列岛，距大陆最近点 20.45 千米。因其位于下大陈岛马道头西侧，第二次全国海域地名普查时命今名。岸线长 56 米，面积 121 平方米。基岩岛。无植被。

八亩礁 (Bāmǔ Jiāo)

北纬 28°25.9′，东经 121°51.5′。位于台州市椒江区东部海域，距下大陈岛约 700 米，属台州列岛，距大陆最近点 19.72 千米。别名百亩田礁。《浙江省海域地名录》（1988）记为八亩礁，别名百亩田礁。据称其水下基岩面积共约八亩，故名。岸线长 47 米，面积 87 平方米，最高点高程 4.7 米。基岩岛。无植被。属大陈海洋生态特别保护区。

杓头西礁 (Sháotóu Xījiāo)

北纬 28°25.8′，东经 121°52.0′。位于台州市椒江区东部海域，下大陈岛西南约 5 米，属台州列岛，距大陆最近点 20.55 千米。《椒江市地名志》（1987）和《浙江省海域地名录》（1988）记为杓头西礁。因其处下大陈岛木杓头西侧，故名。岸线长 52 米，面积 91 平方米，最高点高程 2.5 米。基岩岛。无植被。

西屿头南礁 (Xīyǔtóu Nánjiāo)

北纬 28°25.6′，东经 121°50.6′。位于台州市椒江区东部海域，属台州列岛，距大陆最近点 18.21 千米。《浙江海岛志》（1998）记为 2300 号无名岛。2010 年浙江省人民政府公布的第一批无居民海岛名称为西屿头南礁。岸线长 195 米，面积 1 089 平方米，最高点高程 6 米。基岩岛，由上侏罗统西山头组熔结凝灰岩构成。无植被。属大陈海洋生态特别保护区。

上西礁 (Shàngxī Jiāo)

北纬 28°24.4′，东经 121°53.2′。位于台州市椒江区东部海域，属洋旗岛（群岛），距大陆最近点 22.28 千米。《浙江海岛志》（1998）记为 2317 号无名岛。2010 年浙江省人民政府公布的第一批无居民海岛名称为上西礁。岸线长 100 米，面积 319 平方米，最高点高程 7.5 米。基岩岛，由上侏罗统西山头组熔结凝灰岩构成。无植被。属大陈海洋生态特别保护区。

上北礁 (Shàngběi Jiāo)

北纬 28°24.7′，东经 121°53.6′。位于台州市椒江区东部海域，属洋旗岛（群岛），距大陆最近点 22.94 千米。《椒江市地名志》（1987）和《浙江省海域地名录》（1988）记为上北礁。《浙江海岛志》（1998）记为 2311 号无名岛。岸线长 146 米，面积 738 平方米，最高点高程 11.2 米。基岩岛，由上侏罗统西山头组熔结凝灰岩构成。无植被。属大陈海洋生态特别保护区。

上东礁 (Shàngdōng Jiāo)

北纬 28°24.7′，东经 121°53.5′。位于台州市椒江区东部海域，属洋旗岛（群岛），距大陆最近点 22.77 千米。《椒江市地名志》（1987）和《浙江省海域地名录》（1988）记为上东礁。岸线长 44 米，面积 112 平方米，最高点高程 2 米。基岩岛。无植被。属大陈海洋生态特别保护区。

上钳岛 (Shàngqián Dǎo)

北纬 28°24.5′，东经 121°53.5′。位于台州市椒江区东部海域，属洋旗岛（群岛），距大陆最近点 22.68 千米。第二次全国海域地名普查时命今名。岸线长 71 米，面积 201 平方米。基岩岛。无植被。属大陈海洋生态特别保护区。

石斑东岛 (Shíbān Dōngdǎo)

北纬 28°24.4′，东经 121°53.5′。位于台州市椒江区东部海域，属洋旗岛（群岛），距大陆最近点 22.83 千米。第二次全国海域地名普查时命今名。岸线长 81 米，面积 345 平方米。基岩岛。无植被。属大陈海洋生态特别保护区。

小石斑岛 (Xiǎoshíbān Dǎo)

北纬 28°24.4′，东经 121°53.5′。位于台州市椒江区东部海域，属洋旗岛（群岛），距大陆最近点 22.8 千米。第二次全国海域地名普查时命今名。岸线长 60 米，面积 174 平方米。基岩岛。无植被。属大陈海洋生态特别保护区。

上西南岛 (Shàngxī'nán Dǎo)

北纬 28°24.4′，东经 121°53.3′。位于台州市椒江区东部海域，属洋旗岛（群岛），距大陆最近点 22.36 千米。第二次全国海域地名普查时命今名。岸线长 68 米，面积 161 平方米。基岩岛。无植被。属大陈海洋生态特别保护区。

竹笋礁 (Zhúsǔn Jiāo)

北纬 28°24.4′，东经 121°53.6′。位于台州市椒江区东部海域，属洋旗岛（群岛），距大陆最近点 22.84 千米。《浙江海岛志》（1998）记为 2320 号无名岛。2010 年浙江省人民政府公布的第一批无居民海岛名称为竹笋礁。因其外形似竹笋耸立，故名。岸线长 159 米，面积 566 平方米，最高点高程 6.5 米。基岩岛，由上侏罗统西山头组熔结凝灰岩构成。无植被。属大陈海洋生态特别保护区。

乌龟礁 (Wūguī Jiāo)

北纬 28°24.4′，东经 121°53.5′。位于台州市椒江区东部海域，属洋旗岛（群岛），距大陆最近点 22.82 千米。《浙江海岛志》（1998）记为 2321 号无名岛。2010 年浙江省人民政府公布的第一批无居民海岛名称为乌龟礁。因其外形似乌龟，故名。岸线长 124 米，面积 522 平方米，最高点高程 6.9 米。基岩岛，由上侏罗统西山头组熔结凝灰岩构成。无植被。属大陈海洋生态特别保护区。

月礁 (Yuè Jiāo)

北纬 28°24.1′，东经 121°54.3′。位于台州市椒江区东部海域，属洋旗岛（群岛），距大陆最近点 24.05 千米。《椒江市地名志》（1987）、《浙江省海域地名录》（1988）、《中国海域地名图集》（1991）均记为月礁。因岛形似上弦之月，故名。岸线长 19 米，面积 21 平方米，最高点高程 4 米。基岩岛。无植被。属大陈海洋生态特别保护区。

鸟东礁 (Niǎodōng Jiāo)

北纬 28°23.9′，东经 121°55.0′。位于台州市椒江区东部海域，下屿东约 65 米，属洋旗岛（群岛），距大陆最近点 25.13 千米。《浙江海岛志》（1998）记为 2334 号无名岛。2010 年浙江省人民政府公布的第一批无居民海岛名称为鸟东礁。岸线长 188 米，面积 1 979 平方米，最高点高程 39.2 米。基岩岛，由上侏罗统西山头组熔结凝灰岩构成。长有灌木、草丛。属大陈海洋生态特别保护区。

鸟东上岛 (Niǎodōng Shàngdǎo)

北纬 28°23.9′，东经 121°55.0′。位于台州市椒江区东部海域，下屿东约 120 米，属洋旗岛（群岛），距大陆最近点 25.19 千米。因其位于鸟东礁东北侧，当地渔民俗称"北"为"上"，第二次全国海域地名普查时命今名。岸线长 55 米，面积 101 平方米。基岩岛。无植被。为中华人民共和国公布的中国领海基点台州列岛（1）所在海岛。属大陈海洋生态特别保护区。

鸟东下岛 (Niǎodōng Xiàdǎo)

北纬 28°23.9′，东经 121°55.0′。位于台州市椒江区东部海域，下屿东约 100 米，属洋旗岛（群岛），距大陆最近点 25.17 千米。因其位于鸟东礁东南侧，当地渔民俗称"南"为"下"，第二次全国海域地名普查时命今名。岸线长 32 米，面积 72 平方米。基岩岛。无植被。属大陈海洋生态特别保护区。

下西礁 (Xiàxī Jiāo)

北纬 28°23.9′，东经 121°54.5′。位于台州市椒江区东部海域，下屿西约 5 米，属洋旗岛（群岛），距大陆最近点 24.4 千米。《浙江海岛志》（1998）记为 2335 号无名岛。2010 年浙江省人民政府公布的第一批无居民海岛名称为下西礁。因其位于下屿西侧，故名。岸线长 80 米，面积 225 平方米，最高点高程 7.5 米。基岩岛，由上侏罗统西山头组熔结凝灰岩构成。无植被。属大陈海洋生态特别保护区。

下屿 (Xià Yǔ)

北纬 28°23.7′，东经 121°54.6′。位于台州市椒江区东部海域，下大陈岛南约 4.5 千米，属洋旗岛（群岛），距大陆最近点 24.16 千米。又名洋旗。《中国海洋岛屿简况》（1980）、《椒江市地名志》（1987）、《浙江省海域地名录》（1988）、《中国海域地名志》（1989）、《中国海域地名图集》（1991）、《浙江海岛志》（1998）、《全国海岛名称与代码》（2008）均记为下屿。因其山体高大，远看像一面旗子在海上飘扬，故又称洋旗。岸线长4.92千米，面积0.332 6平方千米，最高点高程144米。基岩岛，由上侏罗统西山头组熔结凝灰岩构成。岛上长有乔木、灌木、草丛，栖海鸟、蛇、鼠等动物。最高处设有中华人民共和国台州列岛（2）领海基点方位碑，附近建有航标灯塔1座。北侧悬崖上方设有中华人民共和国台州列岛（1）领海基点方位碑。附近海域产石斑鱼。属大陈海洋生态特别保护区。

靴岛 (Xuē Dǎo)

北纬28°23.7′，东经121°54.7′。位于台州市椒江区东部海域，下屿东约10米，属洋旗岛（群岛），距大陆最近点24.69千米。因其形似一只靴子，第二次全国海域地名普查时命今名。岸线长61米，面积240平方米。基岩岛。无植被。属大陈海洋生态特别保护区。

莲子礁 (Liánzǐ Jiāo)

北纬28°23.7′，东经121°51.5′。位于台州市椒江区东部海域，下大陈岛西南约5.1千米，属台州列岛，距大陆最近点19.55千米。别名竹礁。《中国海域地名志》（1989）记为莲子礁，别名竹礁。《中国海洋岛屿简况》（1980）、《椒江市地名志》（1987）、《浙江省海域地名录》（1988）、《中国海域地名图集》（1991）、《浙江海岛志》（1998）、《全国海岛名称与代码》（2008）和2010年浙江省人民政府公布的第一批无居民海岛名称均记为莲子礁。因岛形状似莲子，故名。又因人们在海上看岛的角度不同，其又像一根竹竿插在海中，故又称竹礁。岸线长287米，面积1 631平方米，最高点高程6.9米。基岩岛，由上侏罗统西山头组熔结凝灰岩构成。无植被。岛东北侧建有航标灯塔1座。

下西南岛 (Xiàxī'nán Dǎo)

北纬28°23.5′，东经121°54.4′。位于台州市椒江区东部海域，下屿西南约50米，属洋旗岛（群岛），距大陆最近点24.18千米。因其位于下屿西南侧，第二次全国海域地名普查时命今名。岸线长 82 米，面积 256 平方米。基岩岛。无植被。属大陈海洋生态特别保护区。

旗南北礁 （Qínán Běijiāo）

北纬 28°23.5′，东经 121°54.6′。位于台州市椒江区东部海域，下屿南约 20 米，属洋旗岛（群岛），距大陆最近点 24.41 千米。《浙江海岛志》（1998）记为 2344 号无名岛。2010 年浙江省人民政府公布的第一批无居民海岛名称为旗南北礁。岸线长 71 米，面积 280 平方米，最高点高程 11.5 米。基岩岛，由上侏罗统西山头组熔结凝灰岩构成。无植被。属大陈海洋生态特别保护区。

鳄鱼礁 （Èyú Jiāo）

北纬 28°23.5′，东经 121°54.5′。位于台州市椒江区东部海域，下屿南约 10 米，属洋旗岛（群岛），距大陆最近点 24.22 千米。《浙江海岛志》（1998）记为 2346 号无名岛。2010 年浙江省人民政府公布的第一批无居民海岛名称为鳄鱼礁。因其形似鳄鱼，故名。岸线长 77 米，面积 374 平方米，最高点高程 13.1 米。基岩岛，由上侏罗统西山头组熔结凝灰岩构成。无植被。属大陈海洋生态特别保护区。

下南礁 （Xiànán Jiāo）

北纬 28°23.4′，东经 121°54.5′。位于台州市椒江区东部海域，下屿南约 150 米，属洋旗岛（群岛），距大陆最近点 24.3 千米。《椒江市地名志》（1987）、《浙江省海域地名录》（1988）、《中国海域地名图集》（1991）均记为下南礁。因其处在下屿南侧，取下屿首字及其方位，故名。岸线长 70 米，面积 294 平方米，最高点高程 8.3 米。基岩岛。无植被。属大陈海洋生态特别保护区。

三山头岛 （Sānshāntóu Dǎo）

北纬 28°33.8′，东经 121°35.9′。位于台州市路桥区东部海域，台州湾南侧，南近中礁岛，距路桥区金清镇东北约 9.6 千米，距大陆最近点 2 千米。又名山头、三山头。《中国海洋岛屿简况》（1980）记为山头。《黄岩县地名志》（1987）、《浙江省海域地名录》（1988）、《中国海域地名志》（1989）、《中国海域地名图集》（1991）、《浙江海岛志》（1998）、《全国海岛名称与代码》（2008）均记为三山头岛。因岛上有三个山峰，故名。岸线长 3.85 千米，面积 0.2813 平方千米，最高点高程 67.9 米。基岩岛，由上侏罗统西山头组熔结凝灰岩构成。北端已通过围堤与陆地相连，南端山体已开挖与中礁岛相连。内侧围垦区已基本形成封闭区域，仍有少量渔民在此从事养殖、捕捞。岛上建有观音堂、蓄水池等。

人金礁 (Rénjīn Jiāo)

北纬 28°33.6′，东经 121°35.4′。位于台州市路桥区东部海域，上屿北约 30 米，距大陆最近点 2.23 千米。《浙江省海域地名录》（1988）记为人金礁。岸线长 46 米，面积 82 平方米。基岩岛。无植被。

上屿 (Shàng Yǔ)

北纬 28°33.5′，东经 121°35.4′。位于台州市路桥区东部海域，三山头岛西南约 200 米，距大陆最近点 2.03 千米。《中国海洋岛屿简况》（1980）、《中国海域地名志》（1989）、《中国海域地名图集》（1991）、《浙江海岛志》（1998）、《全国海岛名称与代码》（2008）均记为上屿。因其位于中礁岛北侧，当地以北为上，故名。岸线长 1.22 千米，面积 0.042 8 平方千米，最高点高程 37.1 米。基岩岛，由上侏罗统西山头组熔结凝灰岩构成。岛上搭有渔民临时居所，周围海域产虾、蟹、弹涂鱼等。

中礁岛 (Zhōngjiāo Dǎo)

北纬 28°33.1′，东经 121°36.0′。位于台州市路桥区东部海域，三山头岛南约 770 米，距大陆最近点 1.03 千米。又名中礁。《中国海洋岛屿简况》（1980）、《中国海域地名图集》（1991）、《浙江海岛志》（1998）均记为中礁。《浙江省海域地名录》（1988）、《中国海域地名志》（1989）、《全国海岛名称与代码》（2008）均记为中礁岛。因处三山头岛与婆屿（现已围垦与大陆相连）中间得名。岸线长 1.09 千米，面积 0.039 3 平方千米，最高点高程 28.2 米。基岩岛，由上侏罗统西山头组熔结凝灰岩构成。四周岩石陡峭。该岛位于三山涂围垦区外侧堤坝处，南端以堤坝与陆地相连，北端以堤坝与三山头岛相接，车辆可直达岛上。岛上建有闸门 1 座，北侧山体已开挖。岛内侧围垦区已基本形成封闭区域，目前仍有少量渔民在此从事养殖、捕捞。

西笼北岛 (Xīlóng Běidǎo)

北纬 28°33.0′，东经 121°38.6′。位于台州市路桥区东部海域，距大陆最近点 2.63 千米。第二次全国海域地名普查时命今名。岸线长 82 米，面积 448 平方米。基岩岛，由上侏罗统西山头组熔结凝灰岩构成。无植被。

西笼南岛 (Xīlóng Nándǎo)

北纬 28°32.8′，东经 121°38.6′。位于台州市路桥区东部海域，距大陆最近点 2.42 千米。《浙江海岛志》（1998）记为 2217 号无名岛。第二次全国海域地名普查时命今名。岸线长 97 米，面积 708 平方米，最高点高程 5 米。基岩岛。长有草丛。

箱脚岛 (Xiāngjiǎo Dǎo)

北纬 28°32.4′，东经 121°39.0′。位于台州市路桥区东部海域，距大陆最近点 2.62 千米。第二次全国海域地名普查时命今名。岸线长 107 米，面积 422 平方米。基岩岛。无植被。

箱脚南岛 (Xiāngjiǎo Nándǎo)

北纬 28°32.4′，东经 121°39.0′。位于台州市路桥区东部海域，距大陆最近点 2.63 千米。因位于箱脚岛南侧，第二次全国海域地名普查时命今名。岸线长 100 米，面积 534 平方米。基岩岛。无植被。

坭礁 (Ní Jiāo)

北纬 28°32.4′，东经 121°39.3′。位于台州市路桥区东部海域，距大陆最近点 3.16 千米。《浙江省海域地名录》（1988）和《中国海域地名图集》（1991）记为坭礁。因岛体形如糊泥状，因"泥"与"坭"谐音，故名。岸线长 148 米，面积 1 108 平方米，最高点高程 3.7 米。基岩岛。无植被。

黄夫礁 (Huángfū Jiāo)

北纬 28°32.4′，东经 121°39.1′。位于台州市路桥区东部海域，距大陆最近点 2.75 千米。《浙江省海域地名录》（1988）、《中国海域地名志》（1989）、《中国海域地名图集》（1991）均记为黄夫礁。因岛上岩石色黄如肤，"肤"与"夫"同音，故名。岸线长 257 米，面积 1 294 平方米，最高点高程 6.3 米。基岩岛，由酸性熔结凝灰岩夹沉积岩构成。无植被。附近海域产虾、蟹、梅童鱼等。

黄夫西岛 (Huángfū Xīdǎo)

北纬 28°32.4′，东经 121°39.0′。位于台州市路桥区东部海域，距大陆最近点 2.7 千米。因位于黄夫礁西侧，第二次全国海域地名普查时命今名。岸线长 107 米，面积 735 平方米。基岩岛。无植被。

鸡种礁 (Jīzhǒng Jiāo)

北纬 28°32.3′，东经 121°38.6′。位于台州市路桥区东部海域，距大陆最近点 2.05 千米。《浙江省海域地名录》（1988）和《中国海域地名图集》（1991）记为鸡种礁。岸线长 110 米，面积 746 平方米。基岩岛。无植被。

东笼东岛 (Dōnglóng Dōngdǎo)

北纬 28°31.9′，东经 121°38.9′。位于台州市路桥区东部海域，距大陆最近点 2.19 千米。又名东廊岛-2。《全国海岛名称与代码》（2008）记为东廊岛-2。第二次全国海域地名普查时更为今名。岸线长 53 米，面积 194 平方米。基岩岛。无植被。

盆礁 (Pén Jiāo)

北纬 28°30.6′，东经 121°37.3′。位于台州市路桥区东部海域，白果山岛北约 1.7 千米，距大陆最近点 200 米。《浙江省海域地名录》（1988）、《中国海域地名志》（1989）、《中国海域地名图集》（1991）、《浙江海岛志》（1998）、《全国海岛名称与代码》（2008）和 2010 年浙江省人民政府公布的第一批无居民海岛名称均记为盆礁。因岛形如盆，故名。岸线长 115 米，面积 624 平方米，最高点高程 5.2 米。基岩岛，由上侏罗统西山头组熔结凝灰岩构成。无植被。

鲤鱼背礁 (Lǐyúbèi Jiāo)

北纬 28°30.3′，东经 121°40.3′。位于台州市路桥区东部海域，白果山岛东北约 3.7 米，距大陆最近点 4.22 千米。别名淋泊礁。《浙江省海域地名录》（1988）记为鲤鱼背礁，别名淋泊礁。《中国海域地名图集》（1991）记为鲤鱼背礁。因岛形似鲤鱼的脊背出露水面，故名。岸线长 55 米，面积 223 平方米，最高点高程 3.5 米。基岩岛。无植被。最高处建有航标灯塔 1 座。

绢机礁 (Juànjī Jiāo)

北纬 28°30.2′，东经 121°37.1′。位于台州市路桥区东部海域，白果山岛北约 1.1 千米，距大陆最近点 10 米。《浙江海岛志》（1998）记为 2253 号无名岛。《浙江省海域地名录》（1988）、《中国海域地名图集》（1991）和 2010 年浙江省人民政府公布的第一批无居民海岛名称均记为绢机礁。据当地渔民讲，"从前有位会织布的绢机姑娘，因与父亲一起出海打鱼时，绢机姑娘所到之处黄鱼盛产，为纪念之，遂命名"。岸线长 209 米，面积 1 180 平方米，最高点高程 12 米。基岩岛，由上侏罗统西山头组熔结凝灰岩构成。无植被。

相公礁 (Xiànggōng Jiāo)

北纬 28°29.7′，东经 121°37.8′。位于台州市路桥区东南部海域，白果山岛北约 130 米，距大陆最近点 1.56 千米。《浙江省海域地名录》（1988）、《浙江海岛志》（1998）和 2010 年浙江省人民政府公布的第一批无居民海岛名称均记为相公礁。岸线长 91 米，面积 170 平方米，最高点高程 3.8 米。基岩岛，由上侏罗统西山头组熔结凝灰岩构成。无植被。岛上建有航标灯塔 1 座。

白果山岛 (Báiguǒshān Dǎo)

北纬 28°29.2′，东经 121°37.3′。位于台州市路桥区金清镇东南部海域，金清江口外，东南邻黄礁岛，距金清镇约 9.8 千米，距大陆最近点 210 米。又名白果山。《中国海洋岛屿简况》（1980）和《浙江海岛志》（1998）记为白果山。《黄岩县地名志》（1987）、《浙江省海域地名录》（1988）、《中国海域地名志》（1989）、《全国海岛名称与代码》（2008）中均记为白果山岛。前人在岛附近用竹料做成栅，插入海中捕鱼，当地称该工具为"箔窝"，后美化为"白果"，以此得名。

基岩岛，由上侏罗统西山头组熔结凝灰岩构成。岸线长 12.83 千米，面积 2.240 8 平方千米，最高点高程 147.8 米。岛形状如五指伸展的手，岸线曲折，东部陡峭，西岸平缓。长有白茅、小马尾松、柏树等，栖蛇、鼠、海鸟等动物。有居民海岛，隶属台州市路桥区。岛上设白果行政村。2011 年 6 月户籍人口 1 542 人，常住人口 1 542 人。居民以捕鱼为业，兼养殖毛蚶、蛏子等。岛上开垦有耕地，种植麦、豆、薯等，饲养牛、羊、猪等。由本岛与黄礁岛、道士冠岛等岛屿组成的黄礁涂围垦工程填海堤坝已基本建成。西南与东南各建有填海堤坝，分别与大陆和黄礁岛相连。南侧海域因围垦工程形成封闭水域，有渔民在此从事水产养殖。岛西侧建有制冰厂 1 座，西门口嘴有简易码头 1 座，渔船、渡船均可停靠。岛上建有水库 1 座，可供日常用水，电网已与大陆相连。

小望夫礁 (Xiǎowàngfū Jiāo)

北纬 28°27.8′，东经 121°39.7′。位于台州市路桥区东南部海域，黄礁岛东约 220 米，距大陆最近点 5.13 千米。曾名黄夫礁，又名南黄夫礁。《浙江省海域地名录》（1988）记为南黄夫礁，曾名黄夫礁。《浙江海岛志》（1998）记为 2269 号无名岛。2010 年浙江省人民政府公布的第一批无居民海岛名称为小望夫礁。岸线长 108 米，面积 722 平方米，最高点高程 4.7 米。基岩岛，由上侏罗统西山头组熔结凝灰岩构成。无植被。

里望夫岛 (Lǐwàngfū Dǎo)

北纬 28°27.8′，东经 121°39.7′。位于台州市路桥区东南部海域，黄礁岛东约 90 米，距大陆最近点 5.01 千米。第二次全国海域地名普查时命今名。岸线长 122 米，面积 630 平方米。基岩岛。长有灌木、草丛。

道士冠岛 (Dàoshìguān Dǎo)

北纬 28°27.7′，东经 121°37.7′。位于台州市路桥区金清镇东南部海域，黄礁岛西约 1.4 千米，距大陆最近点 1.3 千米。《黄岩县地名志》（1987）、《浙江省海域地名录》（1988）、《中国海域地名志》（1989）、《浙江海岛志》（1998）、《全国海岛名称与代码》（2008）均记为道士冠岛。因其形似道士帽，故名。基岩岛。岸线长 5.2 千米，面积 0.634 2 平方千米，最高点高程 157.4 米。岛体呈西北—东南走向，岩石大多为上侏罗统西山头组熔结凝灰岩，东南沿岸一带出露潜流纹岩。长有白茅、小马尾松、柏树等，栖蛇、鼠、鸟等。有居民海岛，隶属台州市路桥区，岛上设海胜行政村。2011 年 6 月户籍人口 611 人，常住人口 611 人。经济以渔业为主，兼养殖毛蚶、蛏子、紫菜、海蜇等。垦有耕地，种植豆、薯、蔬菜等，饲养猪、鸡、鸭等。由本岛与白果山岛、黄礁岛等岛屿组成的黄礁涂围垦工程填海堤坝已基本建成。岛西北侧与大陆相连，东侧与黄礁岛相接。

堤坝连接处均已开山，为取石之用。北侧海域因围垦工程形成封闭水域，以养殖海蜇为主。早年曾开采石矿，遗留的石仓可储淡水，供居民日常饮用，电网已与黄礁岛相连。

黄礁岛 (Huángjiāo Dǎo)

北纬 28°27.6′，东经 121°39.1′。位于台州市路桥区金清镇东南部海域，西北邻白果山岛，距金清镇约 12.4 千米，距大陆最近点 1.87 千米。又名黄焦山、黄礁。《中国海洋岛屿简况》（1980）记为黄焦山。《浙江海岛志》（1998）记为黄礁。《黄岩县地名志》（1987）、《浙江省海域地名录》（1988）、《中国海域地名志》（1989）、《全国海岛名称与代码》（2008）均记为黄礁岛。因岛上礁石呈黄色，故名。

基岩岛。岸线长 18.23 千米，面积 2.022 7 平方千米，最高点高程 173.5 米。岛体呈链状长条形，西北—东南走向，绝大部分是山地，岸线曲折，东面陡峭，西边淤涨成滩涂。长有白茅、小马尾松及少量樟树、柏树等，栖蛇、鼠、海鸟等。有居民海岛，隶属台州市路桥区，岛上设黄海村、长大古村、三头村 3 个行政村。2011 年 6 月户籍人口 2 058 人，常住人口 2 058 人，主要从事渔业捕捞和水产养殖。垦有耕地，种植麦、豆、薯等，饲养猪、鸡、鸭等。由本岛与白果山岛、道士冠岛等岛屿组成的黄礁涂围垦工程填海堤坝已基本建成。岛北端与白果山岛相连，南端与道士冠岛相接。堤坝连接处均已开山，为取石之用。西侧海域因围垦工程形成封闭水域，以养殖海蜇为主。建有简易码头 1 座，为运输和鱼埠之用。有小型水库 1 座，可供日常用水。已与白果山岛电网相连。

长浪嘴西岛 (Chánglàngzuǐ Xīdǎo)

北纬 28°27.6′，东经 121°37.5′。位于台州市路桥区东南部海域，道士冠岛西约 50 米，距大陆最近点 1.9 千米。第二次全国海域地名普查时命今名。岸线长 207 米，面积 864 平方米。基岩岛。长有草丛。

牛爱礁 (Niú'ài Jiāo)

北纬 28°27.5′，东经 121°39.6′。位于台州市路桥区东南部海域，黄礁岛东南约 140 米，距大陆最近点 4.5 千米。曾名牛爱岛，又名牛屙礁。《浙江省海域地名录》（1988）记为牛屙礁，曾名牛爱岛。《浙江海岛志》（1998）和2010年浙江省人民政府公布的第一批无居民海岛名称记为牛爱礁。因岛形似一堆牛粪，俗称牛屙，当地"屙"与"爱"同音，故名。岸线长86米，面积439平方米，最高点高程6米。基岩岛，由上侏罗统西山头组熔结凝灰岩构成。无植被。

湖屿 (Hú Yǔ)

北纬28°27.5′，东经121°39.9′。位于台州市路桥区东南部海域，黄礁岛东南约430米，距大陆最近点4.5千米。《中国海洋岛屿简况》（1980）、《浙江省海域地名录》（1988）、《中国海域地名志》（1989）、《中国海域地名图集》（1991）、《浙江海岛志》（1998）、《全国海岛名称与代码》（2008）均记为湖屿。因该岛周围海面平静如湖，故名。岸线长1.28千米，面积0.0591平方千米，最高点高程59.8米。基岩岛，由上侏罗统西山头组熔结凝灰岩构成。南岸陡峭，北岸平缓。东侧最高处建有航标灯塔1座。

大横床岛 (Dàhéngchuáng Dǎo)

北纬28°15.8′，东经121°09.3′。位于台州市玉环市，乐清湾北部，距南侧茅埏岛约2.2千米，西距大陆最近点2.28千米（乐清市）。又名横床岛、大横床。《中国海洋岛屿简况》（1980）记为大横床。《玉环县地名志》（1984）记为横床岛。《浙江省海域地名录》（1988）、《中国海域地名志》（1989）、《浙江古今地名词典》（1990）、《浙江海岛志》（1998）、《全国海岛名称与代码》（2008）均记为大横床岛。因远望该岛形如一张横放的木床，面积较大，故名。

岸线长5.63千米，面积1.0347平方千米，最高点高程56.4米。基岩岛，由上侏罗统高坞组熔结凝灰岩构成，长有黑松、马尾松、木麻黄等。有居民海岛，隶属玉环市，岛上设横床行政村。2009年12月户籍人口1517人，常住人口830人。居民经济以渔业为主，农业为辅。渔业主要为近海张网捕鱼和海涂养殖，农业以种植甘薯为主。建有水产品加工厂、机械配件厂等。有水库2座，水井多个，可供日常用水。有码头2处，一处在大岙北端，为鱼埠码头，另一处在岛西侧，为客渡码头，每日有渡船往返于大陆。

竹丝门礁 (Zhúsīmén Jiāo)

北纬 28°15.5′，东经 121°09.8′。隶属于台州市玉环市，位于乐清湾北部，距西北侧大横床岛约 130 米，西距大陆最近点 3.23 千米（乐清市）。《浙江省海域地名录》（1988）记为竹丝门礁。岸线长 59 米，面积 194 平方米。基岩岛。长有草丛。

叠石礁 (Diéshí Jiāo)

北纬 28°14.9′，东经 121°10.6′。隶属于台州市玉环市，位于乐清湾北部，距大陆最近点 2.86 千米。《浙江省海域地名录》（1988）和《中国海域地名志》（1989）均记为叠石礁。因岩石破碎，似乱石相叠，故名。岸线长 48 米，面积 109 平方米，最高点高程 5.1 米。基岩岛。无植被。

头礁 (Tóu Jiāo)

北纬 28°14.8′，东经 121°25.4′。位于台州市玉环市东部海域，沙门镇东侧沿岸，距大陆最近点 10 米。《浙江海岛志》（1998）记为 2481 号无名岛。《全国海岛名称与代码》（2008）记为无名岛 YHN2。2010 年浙江省人民政府公布的第一批无居民海岛名称为头礁。因岛较小，状若头，故名。岸线长 62 米，面积 300 平方米，最高点高程 7.9 米。基岩岛，由上侏罗统西山头组熔结凝灰岩构成。长有草丛。

凤冠岛 (Fèngguān Dǎo)

北纬 28°14.0′，东经 121°24.5′。位于台州市玉环市东部海域，距大陆最近点 20 米。因大陆岸线内山群犹如回头之凤，此岛位于凤冠之处，第二次全国海域地名普查时命今名。岸线长 36 米，面积 87 平方米。基岩岛。无植被。

山门礁 (Shānmén Jiāo)

北纬 28°13.9′，东经 121°24.4′。位于台州市玉环市东部海域，距大陆最近点 10 米。《浙江海岛志》（1998）记为 2493 号无名岛。《全国海岛名称与代码》（2008）记为无名岛 YHN3。2010 年浙江省人民政府公布的第一批无居民海岛名称为山门礁。岸线长 84 米，面积 304 平方米，最高点高程 12 米。基岩岛，由上侏罗统西山头组熔结凝灰岩构成。长有草丛。

抛西礁 (Pāoxī Jiāo)

北纬 28°13.8′，东经 121°09.0′。位于台州市玉环市，乐清湾中部，距东侧茅埏岛约 160 米，西距大陆最近点 2.16 千米（乐清市）。《中国海洋岛屿简况》（1980）、《浙江省海域地名录》（1988）、《浙江海岛志》（1998）、《全国海岛名称与代码》（2008）和 2010 年浙江省人民政府公布的第一批无居民海岛名称均记为抛西礁。因其位于茅埏岛西侧，好似被抛在西边的小岛，故名。岸线长 164 米，面积 1 208 平方米，最高点高程 13.1 米。基岩岛，由上侏罗统高坞组熔结凝灰岩构成。长有灌木、草丛，栖蛇、鼠、海鸟等。建有航标灯塔 1 座。

茅埏岛 (Máoyán Dǎo)

北纬 28°13.6′，东经 121°09.9′。位于台州市玉环市，乐清湾中部，距玉环城区约 10.4 千米，距大陆最近点 1.96 千米。又名茅岘山、茅埏山。《中国海洋岛屿简况》（1980）记为茅埏山。《玉环县地名志》（1984）记为茅埏岛，原名茅岘山。《中国海域地名志》（1989）、《浙江海岛志》（1998）、《浙江古今地名词典》（1990）、《全国海岛名称与代码》（2008）均记为茅埏岛。据传，在开发前岛上多茅草，故名。

基岩岛。岸线长 12.15 千米，面积 5.098 2 平方千米，最高点高程 103.6 米。丘陵和海积平地各半。丘陵由上侏罗统高坞组、西山头组熔结凝灰岩（局部夹凝灰质砂岩）构成，顶部较平缓，斜坡上缓下陡，多凸形坡。海积平地主要分布于岛的西南部和东部，均已垦为农田。周围滩涂均为泥滩。该岛以水路通达而为历代巡防要地，今尚存古城寨遗址。明洪武二十八年（1395 年）为防倭寇入侵，迁蒲岐巡检司于此。清末，国势衰颓，此岛沦为匪盗啸聚之所。1945 年，永嘉、乐清抗日自卫游击总队海上大队进驻乐清湾，在茅埏岛建立根据地，开展游击武装斗争，成为浙中南著名的"革命老区乡"。有居民海岛，隶属玉环市，海山乡人民政府驻地。2009 年 12 月户籍人口 4 313 人，常住人口 1 800 人。经济以渔业和种植业为主，兼滩涂和浅海养殖业，建有贝、藻、虾、蟹、网箱、苗种繁育六大养殖生产基地。有红树林种植区，南端建有单向双库潮汐发电站，环岛路网基本形成。建有 300 吨级抛西码头、海底电缆、自来水管网、水库、学校、卫生院和垃圾无公害处理站等基础设施。

沙门一岛 (Shāmén Yīdǎo)

北纬 28°12.9′，东经 121°24.8′。位于台州市玉环市东部海域，距大陆最近点 990 米。第二次全国海域地名普查时命今名。岸线长 127 米，面积 1 013 平方米。基岩岛。无植被。

沙门二礁 (Shāmén Èrjiāo)

北纬 28°12.9′，东经 121°25.1′。位于台州市玉环市东部海域，距大陆最近点 1.37 千米。《浙江海岛志》（1998）记为 2500 号无名岛。《全国海岛名称与代码》（2008）记为无名岛 YHN5。2010 年浙江省人民政府公布的第一批无居民海岛名称为沙门二礁。岸线长 205 米，面积 2 856 平方米，最高点高程 9.9 米。基岩岛，由上侏罗统西山头组熔结凝灰岩构成。长有草丛。

沙门三礁 (Shāmén Sānjiāo)

北纬 28°12.9′，东经 121°25.1′。位于台州市玉环市东部海域，距大陆最近点 1.45 千米。《浙江海岛志》（1998）记为 2501 号无名岛。《全国海岛名称与代码》（2008）记为无名岛 YHN4。2010 年浙江省人民政府公布的第一批无居民海岛名称为沙门三礁。岸线长 231 米，面积 3 838 平方米，最高点高程 5 米。基岩岛，由上侏罗统西山头组熔结凝灰岩构成。长有草丛。

栖鸟岛 (Qīniǎo Dǎo)

北纬 28°12.8′，东经 121°24.7′。位于台州市玉环市东部海域，距大陆最近点 850 米。因时常有海鸟栖息，第二次全国海域地名普查时命今名。岸线长 13 米，面积 13 平方米。基岩岛。无植被。

小茅草南岛 (Xiǎomáocǎo Nándǎo)

北纬 28°12.8′，东经 121°24.9′。位于台州市玉环市东部海域，距大陆最近点 1.09 千米。第二次全国海域地名普查时命今名。岸线长 51 米，面积 169 平方米。基岩岛。长有灌木、草丛。

茅草东岛 (Máocǎo Dōngdǎo)

北纬 28°12.7′，东经 121°25.2′。位于台州市玉环市东部海域，距大陆最近

点 1.61 千米。第二次全国海域地名普查时命今名。岸线长 180 米，面积 2 293
平方米。基岩岛。无植被。

沙门西沙岛 (Shāmén Xīshā Dǎo)

北纬 28°12.6′，东经 121°23.2′。位于台州市玉环市东部海域，沙门镇西南
约 1.5 千米处，距大陆最近点 70 米。因位于沙门镇，又位于西沙村旁，第二次
全国海域地名普查时命今名。岸线长 45 米，面积 133 平方米。基岩岛。无植被。

鹰婆屿 (Yīngpó Yǔ)

北纬 28°12.6′，东经 121°10.4′。位于台州市玉环市，乐清湾中部，距北侧
茅埏岛约 600 米，距大陆最近点 2.21 千米。又名鹰婆岛、鹰婆。20 世纪 80 年代《玉
环县地名档案》和《中国海洋岛屿简况》(1980) 记为称鹰婆。《浙江省海域地名录》
(1988)、《中国海域地名志》(1989)、《浙江海岛志》(1998)、《全国海岛名
称与代码》(2008) 均记为鹰婆岛。2010 年浙江省人民政府公布的第一批无居
民海岛名称为鹰婆屿。岸线长 341 米，面积 5 562 平方米，最高点高程 18.4 米。
基岩岛，由上侏罗统西山头组熔结凝灰岩构成。长有灌木、草丛，栖蛇、鼠、
海鸟等。建有航标灯塔 1 座。

茅草南礁 (Máocǎo Nánjiāo)

北纬 28°12.5′，东经 121°24.9′。位于台州市玉环市东部海域，距大陆最近
点 1.28 千米。《浙江海岛志》(1998) 记为 2509 号无名岛。《全国海岛名称与
代码》(2008) 记为无名岛 YHN6。2010 年浙江省人民政府公布的第一批无居
民海岛名称为茅草南礁。岸线长 101 米，面积 581 平方米，最高点高程 9.2 米。
基岩岛，由上侏罗统西山头组熔结凝灰岩构成。长有灌木、草丛。

包头牙岛 (Bāotóuyá Dǎo)

北纬 28°12.5′，东经 121°23.5′。位于台州市玉环市东部海域，包头咀屿北
约 10 米，距大陆最近点 10 米。因其邻近包头咀屿，形如刚钻出的牙，第二次
全国海域地名普查时命今名。岸线长 88 米，面积 511 平方米。基岩岛。长有灌
木、草丛。

包头咀屿 (Bāotóuzuǐ Yǔ)

北纬 28°12.4′，东经 121°23.5′。位于台州市玉环市东部海域，距大陆最近点 10 米。《浙江海岛志》（1998）记为 2510 号无名岛。《全国海岛名称与代码》（2008）记为无名岛 YHN7。2010 年浙江省人民政府公布的第一批无居民海岛名称为包头咀屿。岸线长 337 米，面积 7 834 平方米，最高点高程 33 米。基岩岛，由上侏罗统西山头组熔结凝灰岩构成。长有灌木、草丛。

隔坑东礁 (Gékēng Dōngjiāo)

北纬 28°12.4′，东经 121°22.6′。位于台州市玉环市沙门镇东侧海域，距大陆最近点 10 米。《浙江海岛志》（1998）记为 2511 号无名岛。《全国海岛名称与代码》（2008）记为无名岛 YHN8。2010 年浙江省人民政府公布的第一批无居民海岛名称为隔坑东礁。岸线长 64 米，面积 217 平方米，最高点高程 5 米。基岩岛，由上侏罗统西山头组熔结凝灰岩构成。长有草丛。

大担岛 (Dàdàn Dǎo)

北纬 28°11.4′，东经 121°09.8′。位于台州市玉环市，乐清湾中部，距北侧茅埏岛约 2.1 千米，距玉环岛 3.4 千米。又名大担。《中国海洋岛屿简况》（1980）记为大担。20 世纪 80 年代《玉环县地名档案》《浙江省海域地名录》（1988）、《中国海域地名志》（1989）、《浙江海岛志》（1998）、《全国海岛名称与代码》（2008）和 2010 年浙江省人民政府公布的第一批无居民海岛名称均记为大担岛。因岛状如扁担，且面积较大，故名。岸线长 1.96 千米，面积 0.105 平方千米，最高点高程 34 米。基岩岛，由上侏罗统西山头组熔结凝灰岩构成。有渔民临时居所，1990 年有渔民围涂筑塘养殖虾、蟹，后废弃。

饭筚屿 (Fànbì Yǔ)

北纬 28°10.2′，东经 121°18.9′。位于台州市玉环市东部海域，漩门湾内，距南侧冲担屿约 3.1 千米，距大陆最近点 70 米。《浙江省海域地名录》（1988）、《中国海域地名志》（1989）、《浙江海岛志》（1998）、《全国海岛名称与代码》（2008）均记为饭筚屿。因岛形似有盖的饭桶，故名。岸线长 225 米，面积 3 342 平方米，最高点高程 19 米。基岩岛，由上侏罗统西山头组熔结凝灰岩构成。

周围有滩涂养殖。

小屿礁 (Xiǎoyǔ Jiāo)

北纬 28°10.1′，东经 121°08.6′。位于台州市玉环市，乐清湾中部，距玉环岛 2.86 千米。《浙江海岛志》（1998）和《全国海岛名称与代码》（2008）记为小屿礁。为喻其小，当地百姓称"小屿礁"，故名。岸线长 165 米，面积 1 055 平方米，最高点高程 9.8 米。基岩岛，由上侏罗统西山头组熔结凝灰岩构成。长有灌木、草丛，栖海鸟等。建有航标灯塔 1 座，南侧建有简易码头，供运输和鱼埠之用。

小乌岛 (Xiǎowū Dǎo)

北纬 28°09.2′，东经 121°07.5′。位于台州市玉环市，乐清湾中部，距玉环岛 1.71 千米。又名小乌、青蛙屿。20 世纪 80 年代《玉环县地名档案》记为青蛙屿，后称小乌岛。《中国海洋岛屿简况》（1980）记为小乌。《浙江省海域地名录》（1988）记为小乌岛，别名青蛙屿。《中国海域地名志》（1989）、《浙江海岛志》（1998）、《全国海岛名称与代码》（2008）和 2010 年浙江省人民政府公布的第一批无居民海岛名称均记为小乌岛。因其位于大乌岛东面，较之小，故名。岸线长 1.79 千米，面积 0.117 5 平方千米，最高点高程 56 米。基岩岛，由上侏罗统西山头组熔结凝灰岩构成。周围为岩岸，南、北面均有海涂，东部沿岸水深大于 5 米。曾建有橡胶厂，现已废弃。有简易平房数间，供渔民和养殖户季节性上岛居住。南部有简易码头，供运输和鱼埠之用；北部建有航标灯塔 1 座。

冲担屿 (Chōngdàn Yǔ)

北纬 28°08.5′，东经 121°19.5′。位于台州市玉环市东部海域，漩门湾内，距大陆最近点 800 米。又名川担屿、冲担峙。《中国海洋岛屿简况》（1980）记为川担屿。《玉环县地名志》（1984）记为冲担峙，又叫冲担屿。《浙江省海域地名录》（1988）、《中国海域地名志》（1989）、《浙江海岛志》（1998）、《全国海岛名称与代码》（2008）均记为冲担屿。因岛两头略低，中间稍高，状如冲担（冲担系当地方言，即挑柴的扁担），故名。岸线长 1.99 千米，面积

0.106 2 平方千米，最高点高程 25.2 米。基岩岛，由上侏罗统西山头组熔结凝灰岩构成。长有灌木、草丛，栖鼠、海鸟等。位于漩门三期围垦工程范围内，漩门三期筑堤坝通过该岛。岛西侧山头建有航标灯塔 1 座。

下小屿 (Xiàxiǎo Yǔ)

北纬 28°08.4′，东经 121°20.4′。位于台州市玉环市东部海域，漩门湾外，西邻冲担屿，距漩门湾三期堤坝约 1.1 千米，距大陆最近点 70 米。20 世纪 80 年代《玉环县地名档案》和《浙江省海域地名录》（1988）、《中国海域地名志》（1989）、《浙江海岛志》（1998）、《全国海岛名称与代码》（2008）均记为下小屿。因其面积较小，位于玉环岛南侧，当地以南为下，故名。岸线长 489 米，面积 8 601 平方米，最高点高程 14.3 米。基岩岛，由燕山晚期钾长花岗岩构成。无植被。整岛已被改建为下礁门交通码头。

洞精门礁 (Dòngjīngmén Jiāo)

北纬 28°08.1′，东经 121°29.1′。位于台州市玉环市东部海域，距大陆最近点 10.33 千米。《浙江省海域地名录》（1988）、《中国海域地名志》（1989）、《浙江海岛志》（1998）、《全国海岛名称与代码》（2008）和 2010 年浙江省人民政府公布的第一批无居民海岛名称均记为洞精门礁。岸线长 159 米，面积 1 696 平方米，最高点高程 13.1 米。基岩岛。无植被。属披山海洋特别保护区。

后草屿 (Hòucǎo Yǔ)

北纬 28°08.1′，东经 121°23.7′。位于台州市玉环市东部海域，洋屿北约 150 米，距大陆最近点 3.11 千米。20 世纪 80 年代《玉环县地名档案》和《中国海洋岛屿简况》（1980）、《浙江省海域地名录》（1988）、《中国海域地名志》（1989）、《浙江海岛志》（1998）、《全国海岛名称与代码》（2008）及 2010 年浙江省人民政府公布的第一批无居民海岛名称均记为后草屿。因岛上以前长满茅草，且位于洋屿北（后）侧，故名。岸线长 1.55 千米，面积 0.042 6 平方千米，最高点高程 33.7 米。基岩岛，由上侏罗统西山头组熔结凝灰岩构成。

前草屿 (Qiáncǎo Yǔ)

北纬 28°08.1′，东经 121°22.7′。位于台州市玉环市东部海域，洋屿西约 1.2

千米，距大陆最近点 1.68 千米。又名草屿。20 世纪 80 年代《玉环县地名档案》和《中国海洋岛屿简况》（1980）记为草屿。《浙江省海域地名录》（1988）、《中国海域地名志》（1989）、《浙江海岛志》（1998）、《全国海岛名称与代码》（2008）和 2010 年浙江省人民政府公布的第一批无居民海岛名称均记为前草屿。据传，早年岛上茅草茂盛，又较后草屿靠近大陆，故名。岸线长 763 米，面积 0.015 9 平方千米，最高点高程 13.2 米。基岩岛，由上侏罗统西山头组熔结凝灰岩构成。长有灌木、草丛。建有航标灯塔 1 座。

大洞精岛 (Dàdòngjīng Dǎo)

北纬 28°07.9′，东经 121°29.0′。位于台州市玉环市东部海域，披山岛西北约 4.6 千米，距大陆最近点 10.13 千米。又名大洞精。《中国海洋岛屿简况》（1980）记为大洞精。20 世纪 80 年代《玉环县地名档案》和《浙江省海域地名录》（1988）、《中国海域地名志》（1989）、《浙江海岛志》（1998）、《全国海岛名称与代码》（2008）及 2010 年浙江省人民政府公布的第一批无居民海岛名称均记为大洞精岛。因岛近似圆形，有一山洞穿背而过，潮水出入其中，似一面镜子，称洞镜，洞镜与洞精谐音，故名。岸线长 1.14 千米，面积 0.060 9 平方千米，最高点高程 74.9 米。基岩岛，由上侏罗统西山头组熔结凝灰岩构成。长有灌木、草丛，栖蛇、海鸟等。建有航标灯塔 1 座。属披山海洋特别保护区，为保护区内主要海岛之一。

洞舌岛 (Dòngshé Dǎo)

北纬 28°07.8′，东经 121°29.0′。位于台州市玉环市东部海域，大洞精岛东约 20 米，距大陆最近点 10.34 千米。因处于大洞精岛洞口处，形如口中之舌，第二次全国海域地名普查时命今名。岸线长 26 米，面积 48 平方米。基岩岛。无植被。属披山海洋特别保护区。

披头长岛 (Pītóu Chángdǎo)

北纬 28°07.8′，东经 121°23.8′。位于台州市玉环市东部海域，洋屿东约 5 米，距大陆最近点 3.52 千米。因岛体较长，如妇女披着的头发，第二次全国海域地名普查时命今名。岸线长 205 米，面积 1 007 平方米。基岩岛。长有灌木、草丛。

洋屿东岛（Yángyǔ Dōngdǎo）

北纬 28°07.7′，东经 121°23.8′。位于台州市玉环市东部海域，洋屿东约 10 米，距大陆最近点 3.6 千米。因地处洋屿东侧海域，第二次全国海域地名普查时命今名。岸线长 54 米，面积 158 平方米。基岩岛。无植被。

洋屿（Yáng Yǔ）

北纬 28°07.6′，东经 121°23.5′。位于台州市玉环市干江镇东南侧海域，距干江镇约 5.4 千米，距大陆最近点 2.73 千米。又名羊屿岛、羊屿。《中国海洋岛屿简况》（1980）记为羊屿岛。《玉环县地名志》（1984）、《浙江省海域地名录》（1988）、《中国海域地名志》（1989）、《浙江海岛志》（1998）、《全国海岛名称与代码》（2008）均记为洋屿。据传，古时福建人移居岛上养羊，称为羊屿，后来各处移居来的人渐多，转业到海上捕捞，"羊"字加三点水，故称洋屿。

岸线长 7 千米，面积 0.559 5 平方千米，最高点高程 107.4 米。基岩岛，由上侏罗统高坞组熔结凝灰岩、燕山晚期钾长花岗岩、石英闪长岩构成。有居民海岛，隶属玉环市，岛上设洋屿行政村，2009 年 12 月户籍人口 1 650 人，常住人口 35 人。因生活不便，居民已逐渐内迁，仅有少数人留守。经济以渔业为主，垦有耕地，后退耕还林，种文旦、枇杷等果木。岛上曾建有小学、油库、制冰厂等，现均已废弃。有水库、水井多处，可供日常用水。西南建有航标灯塔 1 座，北侧建有码头，有渡船往返于玉环岛之间。岛上用电由干江镇经海底电缆接至。

玉环岛（Yùhuán Dǎo）

北纬 28°07.5′，东经 121°12.7′。位于台州市玉环市，乐清湾和漩门湾之间，与大陆楚门镇间距不足百米，有漩门湾大桥相连，距大陆最近点 10 米。古有地肺山、木榴山、榴屿、木榴屿、地肺山、木陋屿、木榴岛等之称，五代时避钱王讳，改为今名。宋代《太平寰宇记》载"上有流水，洁白如玉，因以为名"。明嘉靖年间《太平县志》载"宋高宗南渡遗玉环于此，故名"。《玉环县地名志》（1984）记为玉环岛，曾名木榴屿、地肺山、木陋屿、地肺山。《中国海域地名志》（1989）记为玉环岛，曾名木榴屿、地肺山。《浙江海岛志》（1998 年）记为玉环岛，又名木榴岛。《中国海洋岛屿简况》（1980）、《浙江省海域地名录》（1988）、《全国海岛名称与代码》（2008）均记为玉环岛。因岛上晨雾绕岛，形状如环；上有流水，洁白如玉得名。

为台州市最大的基岩岛。岸线长 120.28 千米，面积 178.936 2 平方千米，最高点高程 357.5 米。地处亚热带季风气候区，2010 年平均气温 17.5℃，年总降水量 1 743.9 毫米，无霜期 300 天。出露地层以上侏罗统高坞组为主，岩石大多为灰紫色流纹质熔结凝灰岩，局部夹凝灰质砂岩。基岩海岸主要分布在岛南部，海蚀地貌发育较好。平地以海积平地为主，零星分布于岛的东部、北部和西部周边，面积约占全岛 1/3。丘陵以海拔 200～300 米的高丘陵居多，低丘陵主要分布在东部沿海一带。土壤有滨海盐土、潮土、水稻土、红壤、粗骨土 5 个土类。陆域植被以针叶林、阔叶林、草丛、木本栽培植被和草本栽培植被为主。

有居民海岛，为玉环市人民政府驻地，2009 年 12 月户籍人口 236 207 人。海岛开发历史悠久，远在新石器时期，境域已有人类生息繁衍，春秋时期为瓯越地，战国属楚，秦代属闽中郡，此后隶属不一。唐代建玉榴镇，隶属乐成县。宋至元代，玉环乡分上里、下里。明代设五都，明成化十二年（1476 年）隶属太平县。自古为军事要地，清雍正六年（1728 年）建立玉环厅，民国元年（1912 年）改称玉环县。本岛已形成以交通运输设备、通用设备、金属制品、电气机械及器材、塑料制品、医药为支柱的比较完善的加工工业体系，成为中国最大的炊具生产基地和曲折缝工业缝纫机、低压铜制阀门出口生产基地，中国重要的汽摩配件、阀门、铝制品、眼镜配件、仿革底等生产基地。大麦屿港位于岛西海岸，为国家一类口岸，2011 年 9 月实现对外开放。建有国家中央直属中转粮库、华能玉环电厂、漩门湾国家湿地公园，留有三合潭遗址等。

砚墨屿 (Yànmò Yǔ)

北纬 28°06.8′，东经 121°24.4′。位于台州市玉环市东部海域，距大陆最近点 5.29 千米。又名明岳礁。《中国海洋岛屿简况》（1980）记为明岳礁。20 世纪 80 年代《玉环县地名档案》和《浙江省海域地名录》（1988）、《中国海域地名志》（1989）、《浙江海岛志》（1998）、《全国海岛名称与代码》（2008）及2010 年浙江省人民政府公布的第一批无居民海岛名称均记为砚墨屿。因岛形似研墨用的砚台，故名。岸线长 1.19 千米，面积 0.041 3 平方千米，最高点高程 31.5 米。基岩岛，由上侏罗统西山头组熔结凝灰岩构成。建有航标灯塔 1 座。

砚墨南岛 (Yànmò Nándǎo)

北纬 28°06.7′，东经 121°24.3′。位于台州市玉环市东部海域，砚墨屿南约 10 米，距大陆最近点 5.38 千米。因位于砚墨屿南侧海域，第二次全国海域地名普查时命今名。岸线长 121 米，面积 718 平方米。基岩岛。无植被。

虎背岛 (Hǔbèi Dǎo)

北纬 28°06.6′，东经 121°24.3′。位于台州市玉环市东部海域，五虎礁北约 5 米，距大陆最近点 5.4 千米。因邻近五虎礁，形如虎背，第二次全国海域地名普查时命今名。岸线长 128 米，面积 884 平方米。基岩岛。长有灌木、草丛。

五虎礁 (Wǔhǔ Jiāo)

北纬 28°06.6′，东经 121°24.3′。位于台州市玉环市东部海域，距北侧砚墨屿约 180 米，距大陆最近点 5.43 千米。《浙江省海域地名录》(1988)、《中国海域地名志》(1989)、《浙江海岛志》(1998)、《全国海岛名称与代码》(2008) 和 2010 年浙江省人民政府公布的第一批无居民海岛名称均记为五虎礁。因其由五块礁石组成，地处主航道上，犹如五虎挡关，故名。岸线长 250 米，面积 3 842 平方米，最高点高程 16.5 米。基岩岛，由上侏罗统西山头组熔结凝灰岩构成。长有草丛。属披山海洋特别保护区。

小五虎礁 (Xiǎowǔhǔ Jiāo)

北纬 28°06.6′，东经 121°24.2′。位于台州市玉环市东部海域，五虎礁西南约 100 米，距大陆最近点 5.38 千米。《浙江海岛志》(1998) 记为 2543 号无名岛。2010 年浙江省人民政府公布的第一批无居民海岛名称为小五虎礁。因其位于五虎礁附近，较之小，相对而称，故名。岸线长 76 米，面积 302 平方米，最高点高程 5.1 米。基岩岛，由上侏罗统西山头组熔结凝灰岩构成。无植被。

五虎西岛 (Wǔhǔ Xīdǎo)

北纬 28°06.6′，东经 121°24.3′。位于台州市玉环市东部海域，五虎礁西约 5 米，距大陆最近点 5.42 千米。因位于五虎礁西侧海域，第二次全国海域地名普查时命今名。岸线长 137 米，面积 780 平方米。基岩岛。无植被。

猫屿 (Māo Yǔ)

北纬 28°06.5′，东经 121°17.5′。位于台州市玉环市东部海域，距玉环岛 30 米。《全国海岛名称与代码》（2008）记为无名岛 YHN13。《浙江海岛志》（1998）记为猫屿。因岛形似猫，故名。岸线长 273 米，面积 3 222 平方米，最高点高程 14.7 米。基岩岛，由上侏罗统高坞组熔结凝灰岩构成。长有草丛。现已位于漩门三期围填区内。

小虎拳岛 (Xiǎohǔquán Dǎo)

北纬 28°06.5′，东经 121°24.2′。位于台州市玉环市东部海域，五虎礁西南约 170 米，距大陆最近点 5.37 千米。因岛形似拳头，体积小，且邻近小五虎礁，第二次全国海域地名普查时命今名。岸线长 14 米，面积 9 平方米。基岩岛。无植被。

黑岛 (Hēi Dǎo)

北纬 28°06.5′，东经 121°18.0′。位于台州市玉环市东部海域，距玉环岛 30 米。因岛体呈黑色，第二次全国海域地名普查时命今名。岸线长 44 米，面积 119 平方米。基岩岛。无植被。

老鹰尾岛 (Lǎoyīngwěi Dǎo)

北纬 28°06.4′，东经 121°31.1′。位于台州市玉环市东部海域，距大陆最近点 14.65 千米。因似老鹰尾巴，第二次全国海域地名普查时命今名。岸线长 72 米，面积 230 平方米。基岩岛。无植被。属披山海洋特别保护区。

鸡山东岛 (Jīshān Dōngdǎo)

北纬 28°06.2′，东经 121°22.0′。位于台州市玉环市东部海域，距大陆最近点 4.08 千米。第二次全国海域地名普查时命今名。岸线长 37 米，面积 89 平方米。基岩岛。无植被。

草屿 (Cǎo Yǔ)

北纬 28°06.2′，东经 121°30.7′。位于台州市玉环市东部海域，披山岛西北约 460 米，距大陆最近点 14.15 千米。20 世纪 80 年代《玉环县地名档案》和《中国海洋岛屿简况》（1980）、《浙江省海域地名录》（1988）、《中国海域地名志》（1989）、《浙江海岛志》（1998）、《全国海岛名称与代码》（2008）及2010年浙江省人民政府公布的第一批无居民海岛名称均记为草屿。因岛上盛长青草，故名。岸线长740米，面积20 356平方米，最高点高程30米。基岩岛，由上侏罗统西山头组熔结凝灰岩构成。长有灌木、草丛。属披山海洋特别保护区。

圆屿头礁 (Yuányǔtóu Jiāo)

北纬28°06.1′，东经121°20.3′。位于台州市玉环市东部海域，圆屿西北约100米，距玉环岛3.86千米。《浙江海岛志》（1998）记为2551号无名岛。《全国海岛名称与代码》（2008）记为无名岛YHN17。2010年浙江省人民政府公布的第一批无居民海岛名称为圆屿头礁。因其位于圆屿北侧，似其头，故名。岸线长315米，面积2 126平方米，最高点高程7.7米。基岩岛，由晚侏罗世潜安山岩构成。长有草丛。建有航标灯塔1座。

戏台岩礁 (Xìtáiyán Jiāo)

北纬28°06.1′，东经121°21.7′。位于台州市玉环市东部海域，距大陆最近点4.14千米。《浙江海岛志》（1998）记为2552号无名岛。《全国海岛名称与代码》（2008）记为无名岛YHN18。2010年浙江省人民政府公布的第一批无居民海岛名称为戏台岩礁。因其状如搭建的戏台，故名。岸线长147米，面积1 445平方米，最高点高程10.5米。基岩岛，由上侏罗统西山头组熔结凝灰岩构成。无植被。

圆屿 (Yuán Yǔ)

北纬28°06.0′，东经121°20.4′。位于台州市玉环市东部海域，距玉环岛3.93千米。又名园屿、虎屿。《中国海洋岛屿简况》（1980）、《全国海岛名称与代码》（2008）均记为园屿。20世纪80年代《玉环县地名档案》和《浙江省海域地名录》（1988）、《浙江海岛志》（1998）均记为圆屿。《中国海域地名志》（1989）记为圆屿，又称虎屿。2010年浙江省人民政府公布的第一批无居民海岛名称为圆屿。因岛呈圆形，故名。岸线长1.14千米，面积0.028 1平方千米，最高点高程37.5米。基岩岛，由晚侏罗世潜安山岩构成。长有灌木、草丛。

大鹿北岛 (Dàlù Běidǎo)

北纬 28°05.6′，东经 121°24.6′。位于台州市玉环市东部海域，距大陆最近点 7.08 千米。第二次全国海域地名普查时命今名。岸线长 62 米，面积 266 平方米。基岩岛。无植被。属披山海洋特别保护区。

大鹿东岛 (Dàlù Dōngdǎo)

北纬 28°05.5′，东经 121°24.6′。位于台州市玉环市东部海域，距大陆最近点 7.23 千米。第二次全国海域地名普查时命今名。岸线长 105 米，面积 301 平方米。基岩岛。无植被。属披山海洋特别保护区。

上披东礁 (Shàngpī Dōngjiāo)

北纬 28°05.6′，东经 121°31.5′。位于台州市玉环市东部海域，披山岛东约 25 米，距大陆最近点 15.82 千米。《浙江海岛志》（1998）记为 2557 号无名岛。《全国海岛名称与代码》（2008）记为无名岛 YHN20。2010 年浙江省人民政府公布的第一批无居民海岛名称为上披东礁。因其位于中披东礁北侧，当地以北为上，故名。岸线长 95 米，面积 400 平方米，最高点高程 5 米。基岩岛，由上侏罗统西山头组熔结凝灰岩构成。无植被。属披山海洋特别保护区。

中披东礁 (Zhōngpī Dōngjiāo)

北纬 28°05.4′，东经 121°31.3′。位于台州市玉环市东部海域，披山岛东约 10 米，距大陆最近点 15.75 千米。《浙江海岛志》（1998）记为 2562 号无名岛。《全国海岛名称与代码》（2008）记为无名岛 YHN25。2010 年浙江省人民政府公布的第一批无居民海岛名称为中披东礁。因其位于披山岛中部东侧海域，故名。岸线长 260 米，面积 2 154 平方米，最高点高程 4.8 米。基岩岛，由上侏罗统高坞组熔结凝灰岩构成。无植被。属披山海洋特别保护区。

下披东礁 (Xiàpī Dōngjiāo)

北纬 28°05.5′，东经 121°30.7′。位于台州市玉环市东部海域，披山岛东南约 2 米，距大陆最近点 14.83 千米。《浙江海岛志》（1998）记为 2556 号无名岛。《全国海岛名称与代码》（2008）记为无名岛 YHN19。2010 年浙江省人民政府公布的第一批无居民海岛名称为下披东礁。因位于上披东礁南侧，当地以南为下，故名。岸线长44米，面积87平方米，最高点高程9.9米。基岩岛，由上侏罗统高坞组熔结凝灰岩构成。无植被。属披山海洋特别保护区。

东鼠暗礁 (Dōngshǔ'àn Jiāo)

北纬28°05.4′，东经121°24.6′。位于台州市玉环市东部海域，距大陆最近点7.25千米。《浙江海岛志》（1998）记为2561号无名岛。《全国海岛名称与代码》（2008）记为无名岛YHN24。2010年浙江省人民政府公布的第一批无居民海岛名称为东鼠暗礁。因其形状似鼠，故名。岸线长94米，面积272平方米，最高点高程4.3米。基岩岛，由上侏罗统西山头组熔结凝灰岩构成。无植被。属披山海洋特别保护区。

巨雕岛 (Jùdiāo Dǎo)

北纬28°05.4′，东经121°17.2′。位于台州市玉环市东南部海域，外过巷礁东北约190米，距玉环岛10米。因岛形如身形巨大的雕，第二次全国海域地名普查时命今名。岸线长107米，面积361平方米。基岩岛。长有草丛。

外过巷礁 (Wàiguòxiàng Jiāo)

北纬28°05.3′，东经121°17.1′。位于台州市玉环市东南部海域，距玉环岛10米。《浙江海岛志》（1998）记为2560号无名岛。2010年浙江省人民政府公布的第一批无居民海岛名称为外过巷礁。岸线长36米，面积84平方米，最高点高程7.5米。基岩岛，由上侏罗统高坞组熔结凝灰岩构成。长有草丛。

小外过巷岛 (Xiǎowàiguòxiàng Dǎo)

北纬28°05.3′，东经121°17.1′。位于台州市玉环市东南部海域，外过巷礁东约10米，距玉环岛20米。因邻近外过巷礁，较之小，第二次全国海域地名普查时命今名。岸线长33米，面积56平方米。基岩岛。无植被。

南门东礁 (Nánmén Dōngjiāo)

北纬28°05.3′，东经121°31.2′。位于台州市玉环市东部海域，距披山岛约110米，距大陆最近点15.77千米。又名南门礁-3、南门。《浙江海岛志》（1998）记为南门礁-3。2010年浙江省人民政府公布的第一批无居民海岛名称为南门东礁。因其位于披山岛南侧，俗称南门，且较南门西礁居东，故名。岸线长362米，面积 2 194 平方米，最高点高程 7.8 米。基岩岛。无植被。属披山海洋特别保护区。

巷头岛 (Xiàngtóu Dǎo)

北纬 28°05.3′，东经 121°16.9′。位于台州市玉环市东南部海域，外过巷礁西南约 290 米，距玉环岛 10 米。因位于外过巷礁前部，如头，第二次全国海域地名普查时命今名。岸线长 53 米，面积 164 平方米。基岩岛。无植被。

南门西礁 (Nánmén Xījiāo)

北纬 28°05.2′，东经 121°31.2′。位于台州市玉环市东部海域，披山岛东侧，北邻南门东礁，距披山岛约 170 米，距大陆最近点 15.71 千米。又名南门礁、南门礁-2。《浙江省海域地名录》（1988）、《中国海域地名志》（1989）、《全国海岛名称与代码》（2008）均记为南门礁。《浙江海岛志》（1998）记为南门礁-2。2010 年浙江省人民政府公布的第一批无居民海岛名称为南门西礁。因其地处披山岛南大门，故名。岸线长 383 米，面积 6 931 平方米，最高点高程 10.1 米。基岩岛。无植被。属披山海洋特别保护区。

鹿东礁 (Lùdōng Jiāo)

北纬 28°05.2′，东经 121°24.5′。位于台州市玉环市东部海域，距大陆最近点 7.6 千米。《浙江海岛志》（1998）记为 2568 号无名岛。《全国海岛名称与代码》（2008）称无名岛 YHN28。2010 年浙江省人民政府公布的第一批无居民海岛名称为鹿东礁。岸线长 161 米，面积 820 平方米，最高点高程 10.5 米。基岩岛，由上侏罗统西山头组熔结凝灰岩构成。无植被。属披山海洋特别保护区。

披山岛 (Pīshān Dǎo)

北纬 28°05.1′，东经 121°30.3′。位于台州市玉环市，距玉环岛 20.1 千米。又名披山。《中国海洋岛屿简况》（1980）记为披山。《玉环县地名志》（1984）、《浙江省海域地名录》（1988）、《中国海域地名志》（1989）、《浙江古今地名词典》（1990）、《浙江海岛志》（1998）、《全国海岛名称与代码》（2008）均记为披山岛。据渔民称，此岛两头高中间低，形似披肩，故名。

岸线长 17.83 千米，面积 2.369 1 平方千米，最高点高程 176.7 米。基岩岛，由上侏罗统高坞组熔结凝灰岩构成，表土较厚。为有居民海岛，隶属玉环市，岛上设有披山行政村。2009 年 12 月户籍人口 163 人，常住人口 24 人。居民经济以渔业为主，兼养殖业、种植业。建有鱼粉厂、养殖场等。岛上有水库多座，可供日常用水。有码头 2 座，位于中岙和南山岙。20 世纪 60 — 70 年代，披山渔场一年四季皆可捕带鱼、大黄鱼、小黄鱼、鲳鱼等各种经济鱼类。2011 年 11 月，浙江省人民政府在披山岛附近海域建立了省级披山海洋特别保护区，披山岛为保护区内主要海岛之一。

鸡山老鼠礁 (Jīshān Lǎoshǔ Jiāo)

北纬 28°05.1′，东经 121°30.4′。位于台州市玉环市东部海域，披山岛东南约 10 米，距大陆最近点 14.82 千米。《浙江海岛志》（1998）记为 2570 号无名岛。《全国海岛名称与代码》（2008）记为无名岛 YHN29。2010 年浙江省人民政府公布的第一批无居民海岛名称为鸡山老鼠礁。因其状如老鼠且位于鸡山乡，故名。岸线长 169 米，面积 1 612 平方米，最高点高程 27.5 米。基岩岛，由侏罗统高坞组熔结凝灰岩构成。长有灌木、草丛。属披山海洋特别保护区。

花翎岛 (Huālíng Dǎo)

北纬 28°05.1′，东经 121°16.7′。位于台州市玉环市东南部海域，外过巷礁西南约 710 米，距玉环岛 10 米。因岛顶部竖有一钢管，形如官帽花翎，第二次全国海域地名普查时命今名。岸线长 18 米，面积 22 平方米。基岩岛。无植被。

过礁 (Guò Jiāo)

北纬 28°04.9′，东经 121°17.0′。位于台州市玉环市东南部海域，坎门街道东岙近旁，外过巷礁东南侧，距外过巷礁约 790 米，距玉环岛 10 米。《浙江海岛志》（1998）记为 2573 号无名岛。《全国海岛名称与代码》（2008）记为无名岛 YHN31。2010 年浙江省人民政府公布的第一批无居民海岛名称为过礁。岸线长 184 米，面积 2 008 平方米，最高点高程 25 米。基岩岛，由上侏罗统高坞组熔结凝灰岩构成。长有草丛。

跳屿 (Tiào Yǔ)

北纬 28°04.8′，东经 121°17.1′。位于台州市玉环市东南部海域，坎门街道东岙近旁，距北侧过礁约 70 米，距玉环岛 10 米。《浙江海岛志》（1998）记为 2576 号无名岛。《浙江省海域地名录》（1988）和 2010 年浙江省人民政府公布的第一批无居民海岛名称均记为跳屿。岸线长 261 米，面积 3 663 平方米，最高点高程 10 米。基岩岛，由上侏罗统高坞组熔结凝灰岩构成。长有灌木、草丛。

小草鞋屿 (Xiǎocǎoxié Yǔ)

北纬 28°04.8′，东经 121°29.8′。位于台州市玉环市东部海域，披山岛西南约 110 米，距大陆最近点 14.3 千米。又名草鞋礁。《浙江省海域地名录》（1988）、《中国海域地名志》（1989）、《浙江海岛志》（1998）、《全国海岛名称与代码》（2008）均记为草鞋礁。2010 年浙江省人民政府公布的第一批无居民海岛名称为小草鞋屿。因岛形似草鞋，故名。岸线长 285 米，面积 2 698 平方米，最高点高程 14 米。基岩岛，由上侏罗统高坞组熔结凝灰岩构成。无植被。属披山海洋特别保护区。

鲎尾屿 (Hòuwěi Yǔ)

北纬 28°04.8′，东经 121°14.3′。位于台州市玉环市东南部海域，坎门湾内西北侧，距玉环岛 40 米。曾名下屿仔。《浙江省海域地名录》（1988）和《浙江海岛志》（1998）均记为鲎尾屿，曾名下屿仔。《中国海域地名志》（1989）和《全国海岛名称与代码》（2008）均记为鲎尾屿。因岛形如鲨鱼之尾，故名。岸线长 1.2 千米，面积 0.023 4 平方千米，最高点高程 28.1 米。基岩岛，由上侏罗统高坞组熔结凝灰岩构成。岛上原有鱼粉加工厂、制冰厂等，已废弃，现为五金加工厂。岛北填海修路与大陆相连，岛西建有码头。水、电均来自大陆。

没草礁 (Méicǎo Jiāo)

北纬 28°04.5′，东经 121°14.7′。位于台州市玉环市东南部海域，坎门湾内，距西北侧鲎尾屿约 760 米，距玉环岛 250 米。《浙江省海域地名录》（1988）、《浙江海岛志》（1998）、《全国海岛名称与代码》（2008）均记为没草礁。因岛上多年寸草不生，故名。岸线长 227 米，面积 1 786 平方米，最高点高程 5.7 米。基岩岛。无植被。

鹰翔岛 (Yīngxiáng Dǎo)

北纬 28°04.3′，东经 121°17.5′。位于台州市玉环市东南部海域，距玉环岛 10 米。因其形似一只翱翔的雄鹰，第二次全国海域地名普查时命今名。岸线长

84 米，面积 395 平方米。基岩岛。无植被。

叫人屿 (Jiàorén Yǔ)

北纬 28°04.2′，东经 121°17.0′。位于台州市玉环市东南部海域，坎门街道应东村近岸，距玉环岛 120 米。《浙江省海域地名录》（1988）、《中国海域地名志》（1989）、《浙江海岛志》（1998）、《全国海岛名称与代码》（2008）均记为叫人屿。因船行至其附近时，船老大常叫船员准备进港，由此得名。岸线长 610 米，面积 7 797 平方米，最高点高程 14 米。基岩岛，由上侏罗统高坞组熔结凝灰岩构成。无植被。岛上建有中国石化油库，两座加油码头，供船只停泊加油；东侧建有油库管理房，西侧建有栈桥与玉环岛相连。水、电均来源于玉环岛，供电由架空电线接至，水由自来水管输送。

上浪铛南岛 (Shànglàngdāng Nándǎo)

北纬 28°04.2′，东经 121°31.6′。位于台州市玉环市东部海域，距大陆最近点 17.32 千米。第二次全国海域地名普查时命今名。岸线长 31 米，面积 68 平方米。基岩岛。无植被。属披山海洋特别保护区。

下浪铛南岛 (Xiàlàngdāng Nándǎo)

北纬 28°04.2′，东经 121°31.7′。位于台州市玉环市东部海域，距大陆最近点 17.54 千米。第二次全国海域地名普查时命今名。岸线长 20 米，面积 24 平方米。基岩岛。无植被。属披山海洋特别保护区。

轮船南岛 (Lúnchuán Nándǎo)

北纬 28°04.2′，东经 121°31.7′。位于台州市玉环市东部海域，距大陆最近点 17.53 千米。因岛处轮船礁南侧海域，第二次全国海域地名普查时命今名。岸线长 15 米，面积 17 平方米。基岩岛。无植被。属披山海洋特别保护区。

炊桶屿 (Chuītǒng Yǔ)

北纬 28°04.1′，东经 121°13.5′。位于台州市玉环市东南部海域，坎门街道南侧沿岸，距玉环岛 10 米。《浙江海岛志》（1998）记为 2590 号无名岛。《全国海岛名称与代码》（2008）记为无名岛 YHN40。2010 年浙江省人民政府公布的第一批无居民海岛名称为炊桶屿。因岛形状如炊桶（一种烹饪工具），故名。

岸线长 317 米，面积 3 110 平方米，最高点高程 15.6 米。基岩岛，由上侏罗统高坞组熔结凝灰岩构成。长有灌木、草丛。建有小桥与玉环岛相连。

关帝屿 (Guāndì Yǔ)

北纬 28°04.0′，东经 121°16.6′。位于台州市玉环市东南部海域，距玉环岛 540 米。20 世纪 80 年代《玉环县地名档案》和《浙江省海域地名录》（1988）、《中国海域地名志》（1989）、《浙江海岛志》（1998）、《全国海岛名称与代码》（2008）及 2010 年浙江省人民政府公布的第一批无居民海岛名称均记为关帝屿。因坎门立有庙宇，庙内供奉"关帝"神位，此岛位于庙前方，当地渔民仰盼关帝保佑，故名。岸线长 617 米，面积 0.011 平方千米，最高点高程 26.8 米。基岩岛，由上侏罗统西山头组熔结凝灰岩构成。长有灌木、草丛。

螺丝礁 (Luósī Jiāo)

北纬 28°03.4′，东经 121°13.2′。位于台州市玉环市东南部海域，东邻猪面岛，距玉环岛 10 米。《浙江海岛志》（1998）记为 2596 号无名岛。《全国海岛名称与代码》（2008）记为无名岛 YHN41。2010 年浙江省人民政府公布的第一批无居民海岛名称为螺丝礁。因岛形状如螺丝，故名。岸线长 128 米，面积 736 平方米，最高点高程 16.2 米。基岩岛，由上侏罗统高坞组熔结凝灰岩构成。无植被。

小螺丝岛 (Xiǎoluósī Dǎo)

北纬 28°03.5′，东经 121°13.5′。位于台州市玉环市东南部海域，距玉环岛 140 米。因岛形状如螺丝，且较小，第二次全国海域地名普查时命今名。岸线长 33 米，面积 41 平方米。基岩岛。无植被。

鸡山东头礁 (Jīshān Dōngtóu Jiāo)

北纬 28°03.4′，东经 121°24.9′。位于台州市玉环市东南部海域，距大陆最近点 10.62 千米。又名东头礁。《浙江海岛志》（1998）、《全国海岛名称与代码》（2008）和 2010 年浙江省人民政府公布的第一批无居民海岛名称均记为东头礁。因省内重名，第二次全国海域地名普查时以其位于鸡山乡更为今名。岸线长 187 米，面积 1 353 平方米，最高点高程 12 米。基岩岛，由上侏罗统西山头组熔结凝灰岩构成。无植被。属披山海洋特别保护区。

石刀岛 (Shídāo Dǎo)

北纬 28°03.4′，东经 121°13.2′。位于台州市玉环市东南部海域，南邻猪面岛，距玉环岛 10 米。因岛上岩石棱角锋利，状如石刀，第二次全国海域地名普查时命今名。岸线长 75 米，面积 321 平方米。基岩岛。无植被。

矮礁 (Ǎi Jiāo)

北纬 28°03.4′，东经 121°13.4′。位于台州市玉环市东南部海域，距玉环岛 10 米。《浙江海岛志》（1998）记为 2597 号无名岛。《全国海岛名称与代码》（2008）记为无名岛 YHN42。2010 年浙江省人民政府公布的第一批无居民海岛名称为矮礁。因其海拔低，高潮时只少许露出水面，故名。岸线长 235 米，面积 2 078 平方米，最高点高程 6.5 米。基岩岛，由上侏罗统高坞组熔结凝灰岩构成。无植被。

猪面岛 (Zhūmiàn Dǎo)

北纬 28°03.4′，东经 121°13.2′。位于台州市玉环市东南部海域，北邻石刀岛，距玉环岛 10 米。因岛形状如猪面，第二次全国海域地名普查时命今名。岸线长 100 米，面积 412 平方米。基岩岛。无植被。

苍蝇屿 (Cāngying Yǔ)

北纬 28°03.3′，东经 121°24.1′。位于台州市玉环市东南部海域，距大陆最近点 10.16 千米。《浙江海岛志》（1998）、《全国海岛名称与代码》（2008）和 2010 年浙江省人民政府公布的第一批无居民海岛名称均记为苍蝇屿。因岛形状如苍蝇，故名。岸线长 422 米，面积 4 563 平方米，最高点高程 15.7 米。基岩岛，由上侏罗统西山头组熔结凝灰岩构成。长有草丛。属披山海洋特别保护区。

苍蝇头岛 (Cāngyíngtóu Dǎo)

北纬 28°03.3′，东经 121°24.1′。位于台州市玉环市东南部海域，距大陆最近点 10.16 千米。因位于苍蝇屿旁，形如苍蝇头部，第二次全国海域地名普查时命今名。岸线长 85 米，面积 292 平方米。基岩岛。无植被。属披山海洋特别保护区。

层叠岛 (Céngdié Dǎo)

北纬 28°03.3′，东经 121°13.0′。位于台州市玉环市东南部海域，东北邻螺丝礁，距玉环岛 10 米。因岛犹如一层层页岩堆叠而成，第二次全国海域地名普查时命今名。岸线长 32 米，面积 63 平方米。基岩岛。无植被。

前山东上屿 (Qiánshān Dōngshàng Yǔ)

北纬 28°03.3′，东经 121°24.8′。位于台州市玉环市东南部海域，距大陆最近点 10.66 千米。《浙江海岛志》（1998）记为 2601 号无名岛。2010 年浙江省人民政府公布的第一批无居民海岛名称为前山东上屿。因其位于前山东下礁北侧，当地以北为上，故名。岸线长 1.18 千米，面积 0.029 1 平方千米，最高点高程 29 米。基岩岛，由上侏罗统西山头组熔结凝灰岩构成。长有灌木、草丛，栖蛇、鼠、海鸟等。2009 年 12 月有常住人口 3 人。岛上建有民房、养殖鱼塘。有小型风力发电机 2 台，可供渔民日常用电。岛顶建有国家大地控制点 1 个。属披山海洋特别保护区。

前山东下礁 (Qiánshān Dōngxià Jiāo)

北纬 28°03.2′，东经 121°24.8′。位于台州市玉环市东南部海域，北邻前山东上屿，距大陆最近点 10.86 千米。又名张网岙。《浙江海岛志》（1998）记为张网岙。《全国海岛名称与代码》（2008）记为无名岛 YHN43。2010 年浙江省人民政府公布的第一批无居民海岛名称为前山东下礁。因其位于前山东上屿南侧，当地以南为下，故名。岸线长 133 米，面积 468 平方米，最高点高程 16.3 米。基岩岛。无植被。属披山海洋特别保护区。

流进屿 (Liújìn Yǔ)

北纬 28°03.2′，东经 121°24.8′。位于台州市玉环市东南部海域，距西北侧前山东上屿约 120 米，距大陆最近点 10.98 千米。《浙江海岛志》（1998）、《全国海岛名称与代码》（2008）和 2010 年浙江省人民政府公布的第一批无居民海岛名称记为流进屿。岸线长 356 米，面积 4 425 平方米，最高点高程 13.5 米。基岩岛，由上侏罗统西山头组熔结凝灰岩构成。无植被。属披山海洋特别保护区。

小流进岛 (Xiǎoliújìn Dǎo)

北纬 28°03.1′，东经 121°24.8′。位于台州市玉环市东南部海域，北邻流进屿，距西北侧前山东上屿约 150 米，距大陆最近点 11 千米。因紧邻流进屿，较流进屿小，第二次全国海域地名普查时命今名。岸线长 170 米，面积 720 平方米。基岩岛。无植被。属披山海洋特别保护区。

上三仙蓬礁 (Shàngsānxiānpéng Jiāo)

北纬 28°03.0′，东经 121°24.9′。位于台州市玉环市东南部海域，距大陆最近点 11.32 千米。《浙江海岛志》（1998）记为 2607 号无名岛。2010 年浙江省人民政府公布的第一批无居民海岛名称为上三仙蓬礁。因其位于三仙蓬礁北侧，当地以北为上，故名。岸线长 135 米，面积 711 平方米，最高点高程 9 米。基岩岛，由上侏罗统西山头组熔结凝灰岩构成。无植被。属披山海洋特别保护区。

三仙蓬礁 (Sānxiānpéng Jiāo)

北纬 28°03.0′，东经 121°24.9′。位于台州市玉环市东南部海域，距大陆最近点 11.28 千米。《浙江省海域地名录》（1988）、《浙江海岛志》（1998）、《全国海岛名称与代码》（2008）和 2010 年浙江省人民政府公布的第一批无居民海岛名称均记为三仙蓬礁。岸线长 252 米，面积 2 044 平方米，最高点高程 27.9 米。基岩岛，由上侏罗统西山头组熔结凝灰岩构成。长有草丛。属披山海洋特别保护区。

三仙蓬南岛 (Sānxiānpéng Nándǎo)

北纬 28°03.0′，东经 121°24.9′。位于台州市玉环市东南部海域，距大陆最近点 11.31 千米。因位于三仙蓬礁南侧，第二次全国海域地名普查时命今名。岸线长 136 米，面积 623 平方米。基岩岛。长有草丛。属披山海洋特别保护区。

中三仙蓬岛 (Zhōngsānxiānpéng Dǎo)

北纬 28°02.9′，东经 121°24.8′。位于台州市玉环市东南部海域，距大陆最近点 11.34 千米。《全国海岛名称与代码》（2008）记为无名岛 YHN47。因其位于上三仙蓬礁、下三仙蓬礁之间，第二次全国海域地名普查时命今名。岸线长 126 米，面积 534 平方米，最高点高程 10.2 米。基岩岛，由上侏罗统西山头组熔结凝灰岩构成。长有灌木、草丛。属披山海洋特别保护区。

下三仙蓬礁 (Xiàsānxiānpéng Jiāo)

北纬 28°02.9′，东经 121°24.8′。位于台州市玉环市东南部海域，距大陆最近点 11.36 千米。《浙江海岛志》（1998）记为 2610 号无名岛。《全国海岛名称与代码》（2008）记为无名岛 YHN48。2010 年浙江省人民政府公布的第一批无居民海岛名称为下三仙蓬礁。因其位于三仙蓬礁南侧，当地以南为下，故名。岸线长 162 米，面积 869 平方米，最高点高程 7 米。基岩岛。长有灌木、草丛。属披山海洋特别保护区。

南三仙蓬岛 (Nánsānxiānpéng Dǎo)

北纬 28°02.8′，东经 121°24.8′。位于台州市玉环市东南部海域，距大陆最近点 11.48 千米。因其位于三仙蓬礁南侧，第二次全国海域地名普查时命今名。岸线长 63 米，面积 247 平方米。基岩岛。无植被。属披山海洋特别保护区。

老鹰上礁 (Lǎoyīng Shàngjiāo)

北纬 28°02.9′，东经 121°24.8′。位于台州市玉环市东南部海域，距大陆最近点 11.33 千米。《浙江海岛志》（1998）记为 2609 号无名岛。《全国海岛名称与代码》（2008）记为无名岛 YHN46。2010 年浙江省人民政府公布的第一批无居民海岛名称为老鹰上礁。岸线长 154 米，面积 812 平方米，最高点高程 22.5 米。基岩岛。长有灌木、草丛。属披山海洋特别保护区。

老鹰中屿 (Lǎoyīng Zhōngyǔ)

北纬 28°02.9′，东经 121°24.8′。位于台州市玉环市东南部海域，距大陆最近点 11.49 千米。《浙江海岛志》（1998）记为 2612 号无名岛。《全国海岛名称与代码》（2008）记为无名岛 YHN49。2010 年浙江省人民政府公布的第一批无居民海岛名称为老鹰中屿。因其位于老鹰上礁与老鹰下屿之间，故名。岸线长 384 米，面积 2 112 平方米，最高点高程 49 米。基岩岛，由上侏罗统西山头组熔结凝灰岩构成。无植被。属披山海洋特别保护区。

老鹰下屿 (Lǎoyīng Xiàyǔ)

北纬 28°02.8′，东经 121°24.8′。位于台州市玉环市东南部海域，距大陆最近点 11.52 千米。《浙江海岛志》（1998）记为 2613 号无名岛。《全国海岛名称与代码》（2008）记为无名岛 YHN50。2010 年浙江省人民政府公布的第一批无居民海岛名称为老鹰下屿。岸线长 162 米，面积 1 028 平方米，最高点高程 33.5 米。基岩岛，由上侏罗统西山头组熔结凝灰岩构成。无植被。属披山海洋特别保护区。

想思礁 (Xiǎngsī Jiāo)

北纬 28°02.7′，东经 121°15.1′。位于台州市玉环市东南部海域，距玉环岛 1.11 千米。《浙江海岛志》（1998）记为 2614 号无名岛。《全国海岛名称与代码》（2008）记为无名岛 YHN52。2010 年浙江省人民政府公布的第一批无居民海岛名称为想思礁。岸线长 61 米，面积 214 平方米，最高点高程 4.9 米。基岩岛，由上侏罗统高坞组熔结凝灰岩构成。无植被。

老蛇盘洞礁 (Lǎoshépándòng Jiāo)

北纬 28°02.5′，东经 121°10.7′。位于台州市玉环市南部海域，距玉环岛 20 米。《浙江海岛志》（1998）记为 2618 号无名岛。《全国海岛名称与代码》（2008）记为无名岛 YHN55。2010 年浙江省人民政府公布的第一批无居民海岛名称为老蛇盘洞礁。因岛形状如洞中盘蛇，故名。岸线长 145 米，面积 483 平方米，最高点高程 10.4 米。基岩岛，由上侏罗统高坞组熔结凝灰岩构成。无植被。

下前舌岛 (Xiàqiánshé Dǎo)

北纬 28°02.5′，东经 121°24.5′。位于台州市玉环市东南部海域，距大陆最近点 11.85 千米。第二次全国海域地名普查时命今名。岸线长 83 米，面积 412 平方米。基岩岛。长有草丛。属披山海洋特别保护区。

猴子礁 (Hóuzi Jiāo)

北纬 28°02.5′，东经 121°10.6′。位于台州市玉环市南部海域，东北邻老蛇盘洞礁，距玉环岛 70 米。《浙江海岛志》（1998）记为 2619 号无名岛。《全国海岛名称与代码》（2008）记为无名岛 YHN56。2010 年浙江省人民政府公布的第一批无居民海岛名称为猴子礁。因岛形状如猴子，故名。岸线长 143 米，面积 620 平方米，最高点高程 4.5 米。基岩岛，由上侏罗统高坞组熔结凝灰岩构成。无植被。

下前西上礁 (Xiàqián Xīshàng Jiāo)

北纬 28°02.3′，东经 121°24.6′。位于台州市玉环市东南部海域，距玉环岛 12.18 千米。《浙江海岛志》（1998）记为 2621 号无名岛。《全国海岛名称与代码》（2008）记为无名岛 YHN57。2010 年浙江省人民政府公布的第一批无居民海岛名称为下前西上礁。因其位于下前西下屿北侧，当地以北为上，故名。岸线长 260 米，面积 5 024 平方米，最高点高程 9.8 米。基岩岛。长有灌木、草丛。岛上曾建有小庙，后废弃。属披山海洋特别保护区。

下前西中礁 (Xiàqián Xīzhōng Jiāo)

北纬 28°02.3′，东经 121°24.6′。位于台州市玉环市东南部海域，距玉环岛 12.21 千米。《浙江海岛志》（1998）记为 2622 号无名岛。《全国海岛名称与代码》（2008）记为无名岛 YHN58。2010 年浙江省人民政府公布的第一批无居民海岛名称为下前西中礁。因其位于下前西上礁与下前西下屿之间，故名。岸线长 269 米，面积 4 811 平方米，最高点高程 5 米。基岩岛，由上侏罗统高坞组熔结凝灰岩构成。无植被。属披山海洋特别保护区。

下前西下屿 (Xiàqián Xīxià Yǔ)

北纬 28°02.2′，东经 121°24.7′。位于台州市玉环市东南部海域，距玉环岛 12.32 千米。《浙江海岛志》（1998）记为 2624 号无名岛。《全国海岛名称与代码》（2008）记为无名岛 YHN59。2010 年浙江省人民政府公布的第一批无居民海岛名称为下前西下屿。岸线长 272 米，面积 4 911 平方米，最高点高程 35.5 米。基岩岛，由上侏罗统西山头组熔结凝灰岩构成。长有灌木、草丛。属披山海洋特别保护区。

三杆礁 (Sān'gǎn Jiāo)

北纬 28°02.3′，东经 121°24.9′。位于台州市玉环市东南部海域，距大陆最近点 12.5 千米。《浙江海岛志》（1998）、《全国海岛名称与代码》（2008）和 2010 年浙江省人民政府公布的第一批无居民海岛名称均记为三杆礁。因其由三块礁石组成，犹如三根杆矗立海中，故名。岸线长 161 米，面积 1 933 平方米，最高点高程 11.5 米。基岩岛，由上侏罗统西山头组熔结凝灰岩构成。无植被。属披山海洋特别保护区。

鸡山半边屿 (Jīshān Bànbiān Yǔ)

北纬 28°02.2′，东经 121°24.7′。位于台州市玉环市东南部海域，距玉环岛 12.41 千米。又名半边屿。《浙江海岛志》（1998）和《全国海岛名称与代码》（2008）记为半边屿。2010 年浙江省人民政府公布的第一批无居民海岛名称为鸡山半边屿。因岛西坡峭壁如刀削，只剩东面一边，且位于鸡山乡，故名。岸线长 329 米，面积 6 934 平方米，最高点高程 12.5 米。基岩岛，由上侏罗统西山头组熔结凝灰岩构成。长有灌木、草丛。属披山海洋特别保护区。

下前南岛 (Xiàqián Nándǎo)

北纬 28°02.1′，东经 121°24.7′。位于台州市玉环市东南部海域，距玉环岛 12.41 千米。第二次全国海域地名普查时命今名。岸线长 236 米，面积 3 335 平方米。基岩岛。无植被。属披山海洋特别保护区。

横趾东岛 (Héngzhǐ Dōngdǎo)

北纬 28°01.5′，东经 121°09.7′。位于台州市玉环市南部海域，距玉环岛 1.52 千米。第二次全国海域地名普查时命今名。岸线长 39 米，面积 99 平方米。基岩岛。无植被。

横趾北岛 (Héngzhǐ Běidǎo)

北纬 28°01.3′，东经 121°08.8′。位于台州市玉环市南部海域，距玉环岛 1.73 千米。第二次全国海域地名普查时命今名。岸线长 103 米，面积 753 平方米。基岩岛。长有灌木、草丛。

蛇蟠岛 (Shépán Dǎo)

北纬 29°09.1′，东经 121°34.0′。位于台州市三门县，三门湾中南部，距三门县城约 17 千米，距大陆最近点 10 米。曾名千洞岛，又名龙蟠岛、蛇蟠山、蛇盘山。清光绪年间《宁海县志》载"蛇蟠山，在县东海中，四周皆水，相顾（指蛇蟠山和小蛇岛）盘屈如两蛇，故名"。《中国海洋岛屿简况》（1980）记为蛇蟠山。《三门县地名志》（1986）记为蛇蟠岛，原名龙蟠岛。《浙江省

海域地名录》（1988）记为蛇蟠岛，原名蛇蟠山、蛇盘山。《中国海域地名志》
（1989）记为蛇蟠岛，为蛇蟠山和小蛇两岛合称，曾名千洞岛。《浙江海岛志》
（1998）和《全国海岛名称与代码》（2008）记为蛇蟠岛。因鸟瞰全岛，状如大
小两蛇蟠蛰，故名。

　　岸线长 17.54 千米，面积 14.443 1 平方千米，最高点高程 98.7 米。基岩岛，
由上侏罗统九里坪组肉红色流纹斑岩及凝灰熔岩构成，东侧潮滩呈舌状，系泥
沙在流影区沉积延伸而成，西侧潮滩为脊岭状，与三门湾顶部的大陆滩相连。
植被种类繁多，长有黑松、马尾松、柑橘、互花米草、大米草等。原为蛇蟠山
和小蛇岛两个海岛，隔水而立，后滩涂淤涨，1978 年围筑堤坝，两岛连成一岛。
有居民海岛。为蛇盘乡人民政府驻地，现有 6 个行政村，9 个自然村。2009 年
12 月户籍人口 1 519 人，常住人口 2 899 人。主要产业为生态养殖业和生态旅
游服务业，有养殖塘 2 万余亩，适宜养殖虾、蟹、蚶、蛏、蛤、牡蛎等海产品。
采石历史悠久，早在南北朝时期就有人来岛上开采石料，全岛共留下 1 300 多个
奇洞异穴，故有"千洞之岛"美称。2007 年被评为国家 3A 级景区，是我国第
一部获得国际奖项的电影《渔光曲》外景地。有轮渡可达大陆，环岛公路已建
成，将陆续动工兴建 75 省道，向北接至旗门港大桥、蛇宁线和甬台温高速复线。

老鼠屿 (Lǎoshǔ Yǔ)

　　北纬 29°05.8′，东经 121°42.1′。位于台州市三门县东部海域，西北邻田湾
岛，距大陆最近点 5.12 千米。曾名虎口。《三门县地名志》（1986）、《浙江省
海域地名录》（1988）、《中国海域地名志》（1989）均记为老鼠屿，曾名虎口。
《中国海洋岛屿简况》（1980）、《浙江海岛志》（1998）、《全国海岛名称与代码》
（2008）和 2010 年浙江省人民政府公布的第一批无居民海岛名称均记为老鼠屿。
因该岛形似鼠，故名。岸线长 494 米，面积 0.013 4 平方千米，最高点高程 16 米。
基岩岛，由晚侏罗世潜钾长花岗斑岩构成。长有灌木、草丛。附近海域产大黄鱼、
鲳鱼等。

小满山岛 (Xiǎomǎnshān Dǎo)

　　北纬 29°05.6′，东经 121°44.9′。位于台州市三门县东部海域，西邻满山水

道，距大陆最近点 8.97 千米。第二次全国海域地名普查时命今名。岸线长 908 米，面积 0.036 8 平方千米。基岩岛。

大龙匕岛 (Dàlóngbǐ Dǎo)

北纬 29°05.5′，东经 121°44.5′。位于台州市三门县东部海域，西邻满山水道，距大陆最近点 8.72 千米。该岛形如匕首，邻近大龙鳞屿，第二次全国海域地名普查时命今名。岸线长 182 米，面积 1 009 平方米。基岩岛。长有灌木、草丛。

大龙鳞屿 (Dàlónglín Yǔ)

北纬 29°05.5′，东经 121°44.5′。位于台州市三门县东部海域，西邻满山水道，距大陆最近点 8.64 千米。《浙江海岛志》（1998）记为 1870 号无名岛。《全国海岛名称与代码》（2008）记为无名岛 SMN1。2010 年浙江省人民政府公布的第一批无居民海岛名称为大龙鳞屿。因附近两个小岛形状如龙鳞，此岛较大，故名。岸线长 295 米，面积 4 347 平方米，最高点高程 13 米。基岩岛。长有灌木、草丛。

小龙鳞屿 (Xiǎolónglín Yǔ)

北纬 29°05.5′，东经 121°44.4′。位于台州市三门县东部海域，东北邻大龙鳞屿，西邻满山水道，距大陆最近点 8.57 千米。《浙江海岛志》（1998）记为 1871 号无名岛。《全国海岛名称与代码》（2008）记为无名岛 SMN2。2010 年浙江省人民政府公布的第一批无居民海岛名称为小龙鳞屿。因其位于大龙鳞屿附近，相对较小，故名。岸线长 204 米，面积 2 097 平方米，最高点高程 9.7 米。基岩岛。长有灌木、草丛。建有航标灯塔 1 座。

东牙岛 (Dōngyá Dǎo)

北纬 29°05.4，东经 121°42.5′。位于台州市三门县东部海域，距大陆最近点 5.9 千米。第二次全国海域地名普查时命今名。岸线长 59 米，面积 274 平方米。基岩岛。无植被。

西牙岛 (Xīyá Dǎo)

北纬 29°05.3′，东经 121°42.4′。位于台州市三门县东部海域，距大陆最近点 5.76 千米。第二次全国海域地名普查时命今名。岸线长 67 米，面积 357 平方米。

基岩岛。无植被。

唾沫星岛 (Tuòmoxīng Dǎo)

北纬 29°05.3′，东经 121°42.4′。位于台州市三门县东部海域，东邻西牙岛，距大陆最近点 5.73 千米。因该岛较小，形如说话时喷出的唾沫星，第二次全国海域地名普查时命今名。岸线长 48 米，面积 187 平方米。基岩岛。无植被。

外海小山礁 (Wàihǎi Xiǎoshān Jiāo)

北纬 29°05.2′，东经 121°38.0′。位于台州市三门县东部海域，六敖镇东侧沿岸，距大陆最近点 20 米。又名外海小山。《浙江海岛志》（1998）记为外海小山。《全国海岛名称与代码》（2008）记为无名岛 SMN3。2010 年浙江省人民政府公布的第一批无居民海岛名称为外海小山礁。岸线长 200 米，面积 1 522 平方米，最高点高程 10.2 米。基岩岛。长有草丛。

下万东岛 (Xiàwàn Dōngdǎo)

北纬 29°05.1′，东经 121°42.3′。位于台州市三门县东部海域，距大陆最近点 5.41 千米。第二次全国海域地名普查时命今名。岸线长 80 米，面积 514 平方米。基岩岛。长有草丛。

小癞头山礁 (Xiǎolàitóushān Jiāo)

北纬 29°04.9′，东经 121°37.9′。位于台州市三门县东部海域，健跳镇东侧沿岸，距大陆最近点 30 米。又名癞头山。《浙江海岛志》（1998）记为癞头山。《全国海岛名称与代码》（2008）记为无名岛 SMN4。2010 年浙江省人民政府公布的第一批无居民海岛名称为小癞头山礁。因岛较小，岩石裸露，远望如"秃子"，方言称"癞头"，故名。岸线长 144 米，面积 489 平方米，最高点高程 14 米。基岩岛。长有草丛。

鳘鱼礁 (Mǐnyú Jiāo)

北纬 29°04.9′，东经 121°42.0′。位于台州市三门县东部海域，距大陆最近点 4.74 千米。又名鳘鱼礁。《三门县地名志》（1986）、《浙江省海域地名录》（1988）、《中国海域地名志》（1989）均记为鳘鱼礁。《全国海岛名称与代码》（2008）记为无名岛 SMN5。《浙江海岛志》（1998）和 2010 年浙江省人民政府公布的第一批无居民海岛名称记为鳖鱼礁。因附近海域盛产鳖鱼，故名。岸线长107米，面积732平方米，最高点高程9.5米。基岩岛，由上侏罗统九里坪组肉红色流纹斑岩构成。无植被。建有航标灯塔1座。

长山东岛 （Chángshān Dōngdǎo）

北纬29°03.8′，东经121°41.0′。位于台州市三门县东部海域，距大陆最近点2.26千米。第二次全国海域地名普查时命今名。岸线长93米，面积395平方米。基岩岛。长有草丛。

龙洞礁 （Lóngdòng Jiāo）

北纬29°03.5′，东经121°40.0′。位于台州市三门县东部海域，距大陆最近点540米。《中国海洋岛屿简况》（1980）、《三门县地名志》（1986）、《浙江海岛志》（1998）均记为龙洞礁。《全国海岛名称与代码》（2008）记为无名岛SMN7。2010年浙江省人民政府公布的第一批无居民海岛名称为龙洞礁。因其位于龙山龙洞西南侧，故名。岸线长86米，面积305平方米，最高点高程7米。基岩岛，由上侏罗统九里坪组肉红色流纹斑岩构成。无植被。

杨礁 （Yáng Jiāo）

北纬29°03.2′，东经121°43.3′。位于台州市三门县东部海域，距大陆最近点4.03千米。《三门县地名志》（1986）、《浙江省海域地名录》（1988）、《中国海域地名志》（1989）、《浙江海岛志》（1998）、《全国海岛名称与代码》（2008）和2010年浙江省人民政府公布的第一批无居民海岛名称均记为杨礁。据传，古代有一杨姓商人，因所乘商船在此触礁沉没淹死，尸体由当地渔民善后处理，是年恰逢此处黄鱼盛发，渔民称是杨大人报恩，遂取名杨礁。岸线长166米，面积1 905平方米，最高点高程10.9米。基岩岛，由上白垩统塘上组浅灰色流纹质凝灰岩构成。无植被。建有航标灯塔1座，附近海域产黄鱼、鳖鱼、鲳鱼等。

奶儿岛 （Nǎi'er Dǎo）

北纬29°02.8′，东经121°40.8′。位于台州市三门县东部海域，距大陆最近点1.25千米。又名奶儿礁。《中国海洋岛屿简况》（1980）、《三门县地名志》（1986）、《浙江省海域地名录》（1988）、《中国海域地名志》（1989）均记为奶儿礁。"奶儿礁"系误用附近一低潮高地之名,第二次全国海域地名普查时更为今名。岸线长25米,面积38平方米,最高点高程7.9米。基岩岛。无植被。建有航标灯塔1座。

长毛虫岛 (Chángmáochóng Dǎo)

北纬29°01.8′,东经121°41.1′。位于台州市三门县东部海域,距大陆最近点10米。因其较长,状如毛虫,第二次全国海域地名普查时命今名。岸线长92米,面积400平方米。基岩岛。无植被。

横山洞外礁 (Héngshāndòng Wàijiāo)

北纬29°01.7′,东经121°39.6′。位于台州市三门县东部海域,南邻稻桶岩礁,距大陆最近点30米。《全国海岛名称与代码》(2008)记为无名岛SMN8。《浙江海岛志》(1998)和2010年浙江省人民政府公布的第一批无居民海岛名称记为横山洞外礁。岸线长153米,面积1 588平方米,最高点高程5米。基岩岛。长有草丛。曾建有房屋,后废弃。

稻桶岩礁 (Dàotǒngyán Jiāo)

北纬29°01.5′,东经121°39.7′。位于台州市三门县东部海域,北邻横山洞外礁,距大陆最近点30米。《浙江海岛志》(1998)记为1935号无名岛。《全国海岛名称与代码》(2008)记为无名岛SMN9。2010年浙江省人民政府公布的第一批无居民海岛名称为稻桶岩礁。因其位于大陆沿岸,状如稻桶,故名。岸线长82米,面积469平方米,最高点高程5米。基岩岛。长有草丛。

小鲨岛 (Xiǎoshā Dǎo)

北纬29°01.1′,东经121°41.9′。位于台州市三门县东部海域,浬浦镇东侧沿岸,距大陆最近点20米。因该岛形如鲨鱼,面积小,第二次全国海域地名普查时命今名。岸线长62米,面积211平方米。基岩岛。长有草丛。

粟米礁 (Sùmǐ Jiāo)

北纬29°00.5′,东经121°42.2′。位于台州市三门县东部海域,浬浦镇东侧沿岸,距大陆最近点10米。《三门县地名志》(1986)、《浙江省海域地名录》(1988)、《中国海域地名志》(1989)均记为粟米礁。因此岛面积较小,喻为粟米,故名。岸线长 64 米，面积 263 平方米，最高点高程 4.3 米。基岩岛。无植被。

青士豆上岛 (Qīngshìdòu Shàngdǎo)

北纬 29°00.3′，东经 121°45.7′。位于台州市三门县东部海域，属五子岛（群岛），距大陆最近点 4.93 千米。第二次全国海域地名普查时命今名。岸线长 435 米，面积 9 924 平方米。基岩岛。长有草丛。

青士豆中岛 (Qīngshìdòu Zhōngdǎo)

北纬 29°00.3′，东经 121°45.7′。位于台州市三门县东部海域，属五子岛（群岛），距大陆最近点 5.13 千米。因处于青士豆上岛和青士豆下岛之间，第二次全国海域地名普查时命今名。岸线长 115 米，面积 917 平方米。基岩岛。长有草丛。

青士豆下岛 (Qīngshìdòu Xiàdǎo)

北纬 29°00.3′，东经 121°45.8′。位于台州市三门县东部海域，属五子岛（群岛），距大陆最近点 5.17 千米。第二次全国海域地名普查时命今名。岸线长 107 米，面积 709 平方米。基岩岛。无植被。

门头礁 (Méntóu Jiāo)

北纬 29°00.1′，东经 121°45.8′。位于台州市三门县东部海域，属五子岛（群岛），距大陆最近点 5.3 千米。曾名猫头山。《三门县地名志》（1986）和《中国海域地名志》（1989）均记为门头礁。《浙江省海域地名录》（1988）记为门头礁，曾名猫头山。《全国海岛名称与代码》（2008）记为猫头山。岸线长 60 米，面积 283 平方米，最高点高程 5.5 米。基岩岛。无植被。

门头里岛 (Méntóu Lǐdǎo)

北纬 29°00.1′，东经 121°45.8′。位于台州市三门县东部海域，西北邻门头礁，属五子岛（群岛），距大陆最近点 5.36 千米。位于门头礁旁，距门头礁较门头外岛近，相对靠里，第二次全国海域地名普查时命今名。岸线长 41 米，面积 134 平方米。基岩岛。无植被。

门头外岛 (Méntóu Wàidǎo)

北纬 29°00.1′，东经 121°45.8′。位于台州市三门县东部海域，西北邻门头礁，属五子岛（群岛），距大陆最近点 5.35 千米。位于门头礁旁，距门头礁较门头里岛远，相对靠外，第二次全国海域地名普查时命今名。岸线长 82 米，面积 535 平方米。基岩岛。无植被。

赖孵礁 (Làifū Jiāo)

北纬 28°59.6′，东经 121°45.6′。位于台州市三门县东部海域，属五子岛（群岛），距大陆最近点 5.31 千米。《三门县地名志》（1986）、《浙江省海域地名录》（1988）、《中国海域地名志》（1989）、《浙江海岛志》（1998）、《全国海岛名称与代码》（2008）和 2010 年浙江省人民政府公布的第一批无居民海岛名称均记为赖孵礁。因其地处鸡笼山西南海中，若赖孵鸡跳出"鸡笼"独居于此，故名。岸线长 221 米，面积 2 967 平方米，最高点高程 12 米。基岩岛。长有草丛，栖蛇、鼠、海鸟等。有简易码头 1 座，供运输和渔埠之用。

岙斗浪花岛 (Àodǒu Lànghuā Dǎo)

北纬 28°59.5′，东经 121°45.9′。位于台州市三门县东部海域，属五子岛（群岛），距大陆最近点 5.84 千米。第二次全国海域地名普查时命今名。岸线长 111 米，面积 666 平方米。基岩岛。无植被。

平礁 (Píng Jiāo)

北纬 28°59.3′，东经 121°44.3′。位于台州市三门县东部海域，五子岛（群岛）西侧，距大陆最近点 3.81 千米。别名扁礁。《三门县地名志》（1986）、《浙江省海域地名录》（1988）、《中国海域地名志》（1989）均记为平礁，别名"扁礁"。《中国海洋岛屿简况》（1980）、《浙江海岛志》（1998）、《全国海岛名称与代码》（2008）和 2010 年浙江省人民政府公布的第一批无居民海岛名称均记为平礁。因岛形平扁，面积较大，故名。岸线长 549 米，面积 0.011 6 平方千米，最高点高程 14.9 米。基岩岛，由上白垩统塘上组浅灰色流纹质凝灰岩构成。长有草丛。建有航标灯塔 1 座。附近海域产黄鱼、鲳鱼等。

干屿 (Gān Yǔ)

北纬 28°59.4′，东经 121°40.9′。位于台州市三门县东部海域，距大陆最近点 20 米。《中国海洋岛屿简况》（1980）、《三门县地名志》（1986）、《浙江省海域地名录》（1988）、《中国海域地名志》（1989）、《浙江海岛志》（1998）、《全国海岛名称与代码》（2008）和 2010 年浙江省人民政府公布的第一批无居民海岛名称均记为干屿。因岛上盛长芒秆，故名"秆屿"，又因"秆"与"干"方言同音，后演变为干屿。岸线长 365 米，面积 9 489 平方米，最高点高程 26.2 米。基岩岛。长有灌木、草丛。周围低潮时为滩涂，自然生长泥螺、海蛳等。

小干屿岛 (Xiǎogānyǔ Dǎo)

北纬 28°59.3′，东经 121°40.9′。位于台州市三门县东部海域，干屿南约 20 米，距大陆最近点 140 米。因其位于干屿旁，又较之小，第二次全国海域地名普查时命今名。岸线长 56 米，面积 246 平方米。基岩岛。无植被。

中央礁 (Zhōngyāng Jiāo)

北纬 28°59.3′，东经 121°41.0′。位于台州市三门县东部海域，距大陆最近点 240 米。《三门县地名志》（1986）和《中国海域地名志》（1989）记为中央礁。岸线长 128 米，面积 516 平方米，最高点高程 5 米。基岩岛。无植被。

黄金屿 (Huángjīn Yǔ)

北纬 28°59.0′，东经 121°40.3′。位于台州市三门县东部海域，距大陆最近点 100 米。《中国海洋岛屿简况》（1980）、《三门县地名志》（1986）、《浙江省海域地名录》（1988）、《中国海域地名志》（1989）、《浙江海岛志》（1998）、《全国海岛名称与代码》（2008）和 2010 年浙江省人民政府公布的第一批无居民海岛名称均记为黄金屿。因岛岩石出露部分呈金黄色，故名。岸线长 544 米，面积 0.019 4 平方千米，最高点高程 38 米。基岩岛，由上白垩统塘上组浅灰色流纹质凝灰岩构成。长有灌木、草丛。周围低潮时为滩涂，自然生长泥螺、毛蚶、海蛳等。

冬瓜籽岛 (Dōngguāzǐ Dǎo)

北纬 28°58.8′，东经 121°41.4′。位于台州市三门县东部海域，距大陆最近点 750 米。因该岛位于小冬瓜屿旁，形如冬瓜籽，第二次全国海域地名普查时命今名。岸线长 63 米，面积 311 平方米。基岩岛。无植被。

小牛衣礁 (Xiǎoniúyī Jiāo)

北纬 28°58.8′，东经 121°46.4′。位于台州市三门县东部海域，属五子岛（群岛），距大陆最近点 5.66 千米。《浙江海岛志》（1998）记为 1955 号无名岛。
《全国海岛名称与代码》（2008）记为无名岛 SMN14。2010 年浙江省人民政府
公布的第一批无居民海岛名称为小牛衣礁。岸线长 119 米，面积 866 平方米，
最高点高程 7.6 米。基岩岛。无植被。

小丘岛 (Xiǎoqiū Dǎo)

北纬 28°58.7′，东经 121°46.3′。位于台州市三门县东部海域，属五子岛（群
岛），距大陆最近点 5.47 千米。因岛形状如小山丘，第二次全国海域地名普查
时命今名。岸线长 166 米，面积 1 633 平方米。基岩岛。无植被。

印得礁 (Yìndé Jiāo)

北纬 28°58.7′，东经 121°40.2′。位于台州市三门县东部海域，黄金屿西南
侧，东邻上韭屿，距上韭屿约 870 米，距大陆最近点 120 米。又名印得、印头。
《三门县地名志》（1986）记为印得。《浙江省海域地名录》（1988）、《中国
海域地名志》（1989）、《浙江海岛志》（1998）、《全国海岛名称与代码》（2008）
和 2010 年浙江省人民政府公布的第一批无居民海岛名称均记为印得礁。因该岛
形似青蟹，方言称"印"，惯称"印头"，后谐音演变为"印得"，故名。岸
线长 156 米，面积 1 718 平方米，最高点高程 5 米。基岩岛，由上白垩统塘上
组浅灰色流纹质凝灰岩构成。无植被。

上韭屿 (Shàngjiǔ Yǔ)

北纬 28°58.6′，东经 121°40.8′。位于台州市三门县东部海域，距大陆最近点
680 米。曾名件屿、桔屿，又名橘屿、卷屿。《中国海洋岛屿简况》（1980）记为
卷屿。《三门县地名志》（1986）和《中国海域地名志》（1989）记为上韭屿。《浙
江省海域地名录》（1988）记为上韭屿，曾名件屿、桔屿。《浙江海岛志》（1998）
记为上韭屿，又名橘屿。《全国海岛名称与代码》（2008）和 2010 年浙江省人
民政府公布的第一批无居民海岛名称记为上韭屿。岸线长 314 米，面积 6 868
平方米，最高点高程 21 米。基岩岛，由上白垩统塘上组浅灰色流纹质凝灰岩构
成。长有灌木、草丛。低潮时周围为滩涂，自然生长蛏子、毛蚶、海蛳等。

冬瓜花礁 (Dōngguāhuā Jiāo)

北纬 28°58.5′，东经 121°41.5′。位于台州市三门县东部海域，距大陆最近点 280 米。别名小圆礁。《三门县地名志》（1986）和《中国海域地名志》（1989）记为冬瓜花礁，别名小圆礁。《浙江省海域地名录》（1988）记为冬瓜花礁。岸线长 78 米，面积 386 平方米，最高点高程 6.2 米。基岩岛。无植被。

大被山尾岛 (Dàbèishānwěi Dǎo)

北纬 28°58.5′，东经 121°41.9′。位于台州市三门县东部海域，距大陆最近点 470 米。第二次全国海域地名普查时命今名。岸线长 90 米，面积 568 平方米。基岩岛。无植被。

黑卵石岛 (Hēiluǎnshí Dǎo)

北纬 28°58.4′，东经 121°41.7′。位于台州市三门县东部海域，距大陆最近点 110 米。因岛形状似卵石，且表面呈黑色，第二次全国海域地名普查时命今名。岸线长 59 米，面积 276 平方米。基岩岛。无植被。

牛粪团礁 (Niúfèntuán Jiāo)

北纬 28°58.0′，东经 121°42.5′。位于台州市三门县东部海域，距大陆最近点 330 米。《三门县地名志》（1986）、《浙江省海域地名录》（1988）、《中国海域地名志》（1989）、《浙江海岛志》（1998）、《全国海岛名称与代码》（2008）和 2010 年浙江省人民政府公布的第一批无居民海岛名称均记为牛粪团礁。因岛形状似牛粪堆，故名。岸线长 114 米，面积 991 平方米，最高点高程 5 米。基岩岛，由上白垩统塘上组浅灰色流纹质凝灰岩构成。无植被。

小丁桩礁 (Xiǎodīngzhuāng Jiāo)

北纬 28°58.0′，东经 121°48.1′。位于台州市三门县东部海域，属三门岛（群岛），距大陆最近点 7.3 千米。《浙江海岛志》（1998）记为 1967 号无名岛。2010 年浙江省人民政府公布的第一批无居民海岛名称为小丁桩礁。岸线长 110 米，面积 732 平方米，最高点高程 3.7 米。基岩岛。无植被。

西三礁北岛 (Xīsānjiāo Běidǎo)

北纬 28°57.9′，东经 121°46.9′。位于台州市三门县东部海域，属三门岛（群岛），距大陆最近点 5.45 千米。第二次全国海域地名普查时命今名。岸线长 122 米，面积 967 平方米。基岩岛。无植被。

大燕礁 (Dàyàn Jiāo)

北纬 28°57.9′，东经 121°48.0′。位于台州市三门县东部海域，属三门岛（群岛），距大陆最近点 7 千米。又名门口礁。《中国海洋岛屿简况》（1980）和《三门县地名志》（1986）记为门口礁。《浙江海岛志》（1998）记为 1970 号无名岛。《全国海岛名称与代码》（2008）记为无名岛 SMN16。2010 年浙江省人民政府公布的第一批无居民海岛名称为大燕礁。岸线长 399 米，面积 6 958 平方米，最高点高程 11.6 米。基岩岛。长有草丛。岛上建有渔民临时居所。

碎末北岛 (Suìmò Běidǎo)

北纬 28°57.9′，东经 121°48.1′。位于台州市三门县东部海域，属三门岛（群岛），距大陆最近点 7.16 千米。第二次全国海域地名普查时命今名。岸线长 51 米，面积 113 平方米。基岩岛。无植被。

鸭头岛 (Yātóu Dǎo)

北纬 28°57.8′，东经 121°48.0′。位于台州市三门县东部海域，北邻大燕礁，属三门岛（群岛），距大陆最近点 7.07 千米。《全国海岛名称与代码》（2008）记为无名岛 SMN18。因岛形状如鸭头，第二次全国海域地名普查时命今名。岸线长 187 米，面积 2 213 平方米，最高点高程 11 米。基岩岛。长有草丛。

龙塘礁 (Lóngtáng Jiāo)

北纬 28°57.8′，东经 121°46.9′。位于台州市三门县东部海域，属三门岛（群岛），距大陆最近点 5.39 千米。曾名龙落塘。《中国海域地名志》（1989）记为龙塘礁，曾名龙落塘。《三门县地名志》（1986）、《浙江省海域地名录》（1988）、《浙江海岛志》（1998）、《全国海岛名称与代码》（2008）和 2010 年浙江省人民政府公布的第一批无居民海岛名称均记为龙塘礁。岸线长 353 米，面积 7 568 平方米，最高点高程 11.3 米。基岩岛，由上白垩统塘上组浅灰色流纹质凝灰岩构成。长有灌木、草丛。岛周围产小虾。

上龙角岛 （Shànglóngjiǎo Dǎo）

北纬28°57.7′，东经121°47.5′。位于台州市三门县东部海域，属三门岛（群岛），距大陆最近点6.27千米。《全国海岛名称与代码》（2008）记为无名岛SMN20。第二次全国海域地名普查时命今名。岸线长166米，面积1 784平方米，最高点高程5米。基岩岛。长有草丛。

下龙角岛 （Xiàlóngjiǎo Dǎo）

北纬28°57.7′，东经121°47.6′。位于台州市三门县东部海域，属三门岛（群岛），距大陆最近点6.29千米。该岛形状似龙角，且相对位置偏南（下），第二次全国海域地名普查时命今名。岸线长126米，面积778平方米。基岩岛。无植被。

沿赤龙尾礁 （Yánchì Lóngwěi Jiāo）

北纬28°57.7′，东经121°47.5′。位于台州市三门县东部海域，属三门岛（群岛），距大陆最近点6.16千米。《浙江海岛志》（1998）记为1975号无名岛。《全国海岛名称与代码》（2008）记为无名岛SMN21。2010年浙江省人民政府公布的第一批无居民海岛名称为沿赤龙尾礁。岸线长59米，面积275平方米，最高点高程7.4米。基岩岛。长有草丛。

龙背礁 （Lóngbèi Jiāo）

北纬28°57.6′，东经121°47.5′。位于台州市三门县东部海域，属三门岛（群岛），距大陆最近点6.22千米。《浙江海岛志》（1998）记为1976号无名岛。《全国海岛名称与代码》（2008）记为无名岛SMN22。2010年浙江省人民政府公布的第一批无居民海岛名称为龙背礁。岸线长167米，面积1 706平方米，最高点高程5米。基岩岛。无植被。

金浜口屿 （Jīnbāngkǒu Yǔ）

北纬28°57.6′，东经121°42.8′。位于台州市三门县东部海域，沿赤乡东侧沿岸，距大陆最近点0.01千米。又名金浜口岛。《浙江海岛志》（1998）记为金浜口岛。《全国海岛名称与代码》（2008）记为无名岛SMN23。2010年浙江省人民政府公布的第一批无居民海岛名称为金浜口屿。岸线长268米，面积

4 055 平方米，最高点高程 10.1 米。基岩岛。无植被。

下馒头礁 (Xiàmántou Jiāo)

北纬 28°57.4′，东经 121°42.6′。位于台州市三门县东部海域，沿赤乡东侧沿岸，距大陆最近点 20 米。又名馒头礁。《三门县地名志》（1986）、《浙江省海域地名录》（1988）、《中国海域地名志》（1989）、《浙江海岛志》（1998）、《全国海岛名称与代码》（2008）均记为馒头礁。2010 年浙江省人民政府公布的第一批无居民海岛名称为下馒头礁。因岛小而圆，形似馒头，原名馒头礁，因省内重名，后更为今名。岸线长 184 米，面积 2 198 平方米，最高点高程 5.2 米。基岩岛，由上白垩统塘上组浅灰色流纹质凝灰岩构成。无植被。

鲎礁 (Hòu Jiāo)

北纬 28°57.0′，东经 121°43.8′。位于台州市三门县东部海域，距大陆最近点 430 米。别名乌皮礁、孝礁。《三门县地名志》（1986）、《浙江省海域地名录》（1988）、《中国海域地名志》（1989）均记为鲎礁，别名乌皮礁。《浙江海岛志》（1998）记为鲎礁，别名孝礁。《全国海岛名称与代码》（2008）和 2010 年浙江省人民政府公布的第一批无居民海岛名称均记为鲎礁。因岛形状似鲎（海生动物），故名。岸线长 244 米，面积 2 918 平方米，最高点高程 6 米。基岩岛，由上白垩统塘上组浅灰色流纹质凝灰岩构成。无植被。

牛舌岛 (Niúshé Dǎo)

北纬 28°56.4′，东经 121°43.9′。位于台州市三门县东部海域，距大陆最近点 170 米。因岛形状如牛舌，第二次全国海域地名普查时命今名。岸线长 74 米，面积 324 平方米。基岩岛。无植被。

桩头屿 (Zhuāngtóu Yǔ)

北纬 28°56.3′，东经 121°44.0′。位于台州市三门县东部海域，距大陆最近点 540 米。曾名丁椿山。《中国海洋岛屿简况》（1980）记为丁椿山。《浙江省海域地名录》（1988）和《浙江海岛志》（1998）记为桩头屿，曾名丁椿山。《三门县地名志》（1986）、《中国海域地名志》（1989）、《全国海岛名称与代码》（2008）和 2010 年浙江省人民政府公布的第一批无居民海岛名称均记为桩头屿。因岛形状似木桩，故名。岸线长 455 米，面积 7 346 平方米，最高点高程 18.8 米。基岩岛，由上白垩统塘上组浅灰色流纹质凝灰岩构成。长有草丛。有航标灯塔 1 座。附近海域产虾、鱼等。

里牛栏北岛 (Lǐniúlán Běidǎo)

北纬 28°56.2′，东经 121°42.9′。位于台州市三门县东部海域，距大陆最近点 30 米。第二次全国海域地名普查时命今名。岸线长 88 米，面积 447 平方米。基岩岛。无植被。

里牛栏南岛 (Lǐniúlán Nándǎo)

北纬 28°56.2′，东经 121°42.9′。位于台州市三门县东部海域，距大陆最近点 30 米。第二次全国海域地名普查时命今名。岸线长 60 米，面积 163 平方米。基岩岛。无植被。

牛尾岛 (Niúwěi Dǎo)

北纬 28°56.1′，东经 121°42.7′。位于台州市三门县东部海域，距大陆最近点 10 米。因岛体较长，形状如牛尾，第二次全国海域地名普查时命今名。岸线长 117 米，面积 821 平方米。基岩岛。无植被。

小鸡嘴屿 (Xiǎojīzuǐ Yǔ)

北纬 28°55.2′，东经 121°42.5′。位于台州市三门县东南部海域，距大陆最近点 260 米。《浙江海岛志》（1998）记为 1996 号无名岛。《全国海岛名称与代码》（2008）记为无名岛 SMN27。2010 年浙江省人民政府公布的第一批无居民海岛名称为小鸡嘴屿。岸线长 603 米，面积 8 607 平方米，最高点高程 13.2 米。基岩岛。长有草丛。

黄岩尾礁 (Huángyánwěi Jiāo)

北纬 28°55.0′，东经 121°42.9′。位于台州市三门县东南部海域，东邻黄岩屿，距大陆最近点 970 米。《浙江海岛志》（1998）记为 1999 号无名岛。《全国海岛名称与代码》（2008）记为无名岛 SMN28。2010 年浙江省人民政府公布的第一批无居民海岛名称为黄岩尾礁。因其位于黄岩屿西侧，离其较近，似其尾部，故名。岸线长 234 米，面积 2 167 平方米，最高点高程 5.5 米。基岩岛。无植被。

黄岩屿 (Huángyán Yǔ)

北纬 28°55.0′，东经 121°43.0′。位于台州市三门县东南部海域，西邻黄岩尾礁，距大陆最近点 1 千米。《三门县地名志》（1986）、《浙江省海域地名录》（1988）、《中国海域地名志》（1989）、《浙江海岛志》（1998）、《全国海岛名称与代码》（2008）和 2010 年浙江省人民政府公布的第一批无居民海岛名称均记为黄岩屿。因岛上岩石多呈黄色，据沿海群众习称，1984 年 12 月命今名。岸线长 474 米，面积 0.010 0 平方千米，最高点高程 18 米。基岩岛，由上白垩统塘上组浅灰色流纹质凝灰岩构成。长有草丛。近岸为滩涂，自然生长泥螺、海蛳等。

上铺蓬礁 (Shàngpùpéng Jiāo)

北纬 28°54.9′，东经 121°42.8′。位于台州市三门县东南部海域，距大陆最近点 1.1 千米。曾名高背礁，又名上铺蓬铺。《三门县地名志》（1986）、《中国海域地名志》（1989）、《浙江海岛志》（1998）均记为上铺蓬礁，曾名高背礁。《浙江省海域地名录》（1988）和《全国海岛名称与代码》（2008）记为上铺蓬铺。2010 年浙江省人民政府公布的第一批无居民海岛名称为上铺蓬礁。因有东、西两处明礁，形如船篷铺晒于此，又以其居西称"上"，故名。岸线长 132 米，面积 1 149 平方米，最高点高程 7.2 米。基岩岛，由上白垩统塘上组浅灰色流纹质凝灰岩构成。长有草丛。

下铺蓬礁 (Xiàpùpéng Jiāo)

北纬 28°54.9′，东经 121°43.1′。位于台州市三门县东南部海域，距大陆最近点 1.46 千米。又名下铺蓬铺，《全国海岛名称与代码》（2008）记为下铺蓬铺。《三门县地名志》（1986）、《浙江省海域地名录》（1988）、《中国海域地名志》（1989）、《浙江海岛志》（1998）和 2010 年浙江省人民政府公布的第一批无居民海岛名称均记为下铺蓬礁。因该处有东、西两岛，形如船篷铺晒于此，此岛相对偏东（下），故名。岸线长 150 米，面积 1 041 平方米，最高点高程 7.3 米。基岩岛，由上白垩统塘上组浅灰色流纹质凝灰岩构成。长有草丛。

小蟹岛 (Xiǎoxiè Dǎo)

北纬 28°54.8′，东经 121°42.1′。位于台州市三门县东南部海域，距大陆最近点 190 米。第二次全国海域地名普查时命今名。岸线长 100 米，面积 360 平方米。基岩岛。无植被。

悬五屿 (Xuánwǔ Yǔ)

北纬 28°54.7′，东经 121°43.3′。位于台州市三门县东南部海域，距大陆最近点 1.87 千米。又名悬五峙。《浙江省海域地名录》（1988）和《中国海域地名志》（1989）记为悬五屿。《三门县地名志》（1986）、《浙江海岛志》（1998）、《全国海岛名称与代码》（2008）均记为悬五峙。2010 年浙江省人民政府公布的第一批无居民海岛名称为悬五屿。岸线长 365 米，面积 7 916 平方米，最高点高程 24.8 米。基岩岛，由上白垩统塘上组浅灰色流纹质凝灰岩构成。长有灌木、草丛。

断坝五峙礁 (Duànbà Wǔzhì Jiāo)

北纬 28°54.6′，东经 121°43.5′。位于台州市三门县东南部海域，距大陆最近点 2.15 千米。《浙江海岛志》（1998）记为 2007 号无名岛。《全国海岛名称与代码》（2008）记为无名岛 SMN29。2010 年浙江省人民政府公布的第一批无居民海岛名称为断坝五峙礁。岸线长 313 米，面积 6 241 平方米，最高点高程 22 米。基岩岛。长有灌木、草丛。

铁墩礁 (Tiědūn Jiāo)

北纬 28°54.6′，东经 121°43.2′。位于台州市三门县东南部海域，距大陆最近点 1.91 千米。《三门县地名志》（1986）、《浙江省海域地名录》（1988）、《中国海域地名志》（1989）、《浙江海岛志》（1998）、《全国海岛名称与代码》（2008）和 2010 年浙江省人民政府公布的第一批无居民海岛名称均记为铁墩礁。因岛形似铁墩（打铁工具），故名。岸线长 157 米，面积 1 443 平方米，最高点高程 8.8 米。基岩岛，由上白垩统塘上组浅灰色流纹质凝灰岩构成。长有草丛。

沿赤小门头礁 (Yánchì Xiǎoméntóu Jiāo)

北纬 28°54.3′，东经 121°42.3′。位于台州市三门县东南部海域，扩塘山东北约 280 米，距大陆最近点 1.08 千米。又名小门头、小门头岛。《中国海洋岛屿简况》（1980）记为小门头。《浙江海岛志》（1998）记为小门头岛。《全国海岛名称与代码》（2008）记为无名岛 SMN30。2010 年浙江省人民政府公布的第一批无居民海岛名称为沿赤小门头礁。因其位于牛头门水道东端，如出海"门头"（方言，意为出海的通道），且位于沿赤乡，故名。岸线长 176 米，面积 1 574 平方米，最高点高程 6.2 米。基岩岛，由上白垩统塘上组浅灰色流纹质凝灰岩构成。长有草丛。

东泽岛 (Dōngzé Dǎo)

北纬 28°54.1′，东经 121°46.0′。位于台州市三门县东南部海域，泽山岛（群岛）最东侧，距西侧扩塘山约 5.9 千米，西邻北泽岛，为泽山岛（群岛）主岛之一，距大陆最近点 5.51 千米。曾名北泽，别名后门洞、下门洞。《中国海洋岛屿简况》（1980）记为北泽。《三门县地名志》（1986）记为东泽岛，别名下门洞。《浙江省海域地名录》（1988）记为东泽岛，别名下门洞，曾名北泽。《中国海域地名志》（1989）记为东泽岛，别名后门洞、下门洞。《浙江海岛志》（1998）记为东泽岛，曾名下门洞。《浙江古今地名词典》（1990）、《全国海岛名称与代码》（2008）和 2010 年浙江省人民政府公布的第一批无居民海岛名称均记为东泽岛。因其为泽山岛（群岛）之一，又居东，故名。岸线长 3.26 千米，面积 0.246 3 平方千米，最高点高程 72.2 米。基岩岛，由上白垩统塘上组浅灰色流纹质凝灰岩构成。岛上有渔民临时居所，渔民季节性上岛居住。有小型风力发电机 2 台，可供渔民日常用电。

西泽岛 (Xīzé Dǎo)

北纬 28°53.5′，东经 121°45.0′。位于台州市三门县东南部海域，泽山岛（群岛）西部，距西侧扩塘山约 4.4 千米，东邻北泽岛，为泽山岛（群岛）主岛之一，距大陆最近点 5.03 千米。曾名北宅，别名峋山、峻山。《中国海洋岛屿简况》（1980）记为北宅。《浙江省海域地名录》（1988）记为西泽岛，别名峻山，曾名北宅。《中国海域地名志》（1989）记为西泽岛，别名峋山。《三门县地名志》（1986）、《浙江海岛志》（1998）、《全国海岛名称与代码》（2008）和 2010

年浙江省人民政府公布的第一批无居民海岛名称均记为西泽岛。因其为泽山岛（群岛）主岛之一，又居西，故名。岸线长 1.71 千米，面积 0.077 2 平方千米，最高点高程 45.8 米。基岩岛。长有灌木、草丛。附近海域产黄鱼、鳖鱼等。

北泽岛 (Běizé Dǎo)

北纬 28°53.8′，东经 121°45.5′。位于台州市三门县东南部海域，东泽岛与西泽岛之间，距东泽岛约 130 米，属泽山岛（群岛），距大陆最近点 5.28 千米。曾名西泽。《中国海洋岛屿简况》（1980）记为西泽。《浙江省海域地名录》（1988）记为北泽岛，曾名西泽。《三门县地名志》（1986）、《中国海域地名志》（1989）、《浙江古今地名词典》（1990）、《浙江海岛志》（1998）、《全国海岛名称与代码》（2008）和 2010 年浙江省人民政府公布的第一批无居民海岛名称均记为北泽岛。因其为泽山岛（群岛）主岛之一，又居北，故名。岸线长 3.39 千米，面积 0.226 3 平方千米，最高点高程 60.1 米。基岩岛，由上白垩统塘上组浅灰色流纹质凝灰岩构成。岛上建有多座渔民居所，渔民季节性上岛居住。东侧有临海水产加工厂旧址，今已废弃。有蓄水池 1 个，可供日常用水。有简易码头 1 座，供运输和渔埠之用。有小型风力发电机 3 台。

小北泽岛 (Xiǎoběizé Dǎo)

北纬 28°53.9′，东经 121°45.4′。位于台州市三门县东南部海域，北泽岛西约 10 米，西邻口门礁，属泽山岛（群岛），距大陆最近点 5.46 千米。因位于北泽岛旁，又较之小，第二次全国海域地名普查时命今名。岸线长 170 米，面积 1 437 平方米。基岩岛。长有草丛。

口门礁 (Kǒumén Jiāo)

北纬 28°53.9′，东经 121°45.3′。位于台州市三门县东南部海域，北泽岛西约 135 米，东邻小北泽岛，属泽山岛（群岛），距大陆最近点 5.38 千米。又名口门屿。《三门县地名志》（1986）、《浙江省海域地名录》（1988）、《中国海域地名志》（1989）、《浙江古今地名词典》（1990）、《浙江海岛志》（1998）、《全国海岛名称与代码》（2008）均记为口门屿。2010 年浙江省人民政府公布的第一批无居民海岛名称为口门礁。因其地处北泽岛西侧湾口，为扼守北泽岛之门户，故名。岸线长 346 米，面积 6 540 平方米，最高点高程 14.2 米。基岩岛，由上白垩统塘上组浅灰色流纹质凝灰岩构成。长有灌木、草丛。搭有渔民临时居所。

扩塘山 (Kuòtáng Shān)

北纬 28°53.8′，东经 121°40.9′。位于台州市三门县南部海域，浦坝港口，距三门县城约 36 千米，距大陆最近点 390 米。曾名彰化湾山，又名白岱山、白汰山、壳塘山。《中国海洋岛屿简况》（1980）和《全国海岛名称与代码》（2008）记为壳塘山。《三门县地名志》（1986）、《浙江省海域地名录》（1988）、《中国海域地名志》（1989）、《浙江古今地名词典》（1990）、《浙江海岛志》（1998）、2010 年浙江省人民政府公布的第一批无居民海岛名称均记为扩塘山。因其一度为无人居住的荒山孤岛，得到开发后，以围垦扩充塘地之意命名。岸线长 17.71 千米，面积 5.993 5 平方千米，最高点高程 206 米。基岩岛，岛北部为晚白垩世潜石英粗面斑岩和潜石英霏细斑岩，约占该岛丘陵 1/3，其余丘陵为上白垩统塘上组浅灰色流纹质含角砾凝灰岩，局部夹凝灰质砂砾岩。地貌以低丘陵为主，海拔 100 米以上山峰 5 座，地势东高西低。2009 年 12 月，岛上有常住人口 60 人，以养殖户为主。建有民房多处，垦有耕地，可植蔬菜、豆、薯等。东北筑有围海养殖塘，西部有码头 1 座，供渔民运输和渔埠之用。建有水库、水井、蓄水池等供水设施。电力经跨海架空电线由大陆接至。

哨门礁 (Shàomén Jiāo)

北纬 28°53.7′，东经 121°45.2′。位于台州市三门县东南部海域，北泽岛与西泽岛之间，距北泽岛约 80 米，属泽山岛（群岛），距大陆最近点 5.45 千米。《浙江海岛志》（1998）记为 2026 号无名岛。《全国海岛名称与代码》（2008）记为无名岛 SMN31。2010 年浙江省人民政府公布的第一批无居民海岛名称为哨门礁。因其位于北泽岛与西泽岛之间，如两岛间的岗哨，故名。岸线长 266 米，面积 3 120 平方米，最高点高程 11 米。基岩岛。长有草丛。

泗淋乌礁 (Sìlín Wūjiāo)

北纬 28°53.6′，东经 121°39.3′。位于台州市三门县南部海域，浦坝港东侧，扩塘山西约 170 米，距大陆最近点 990 米。又名乌礁、乌皮礁。《三门县地名志》

（1986）记为乌礁。《浙江省海域地名录》（1988）和《中国海域地名志》（1989）记为乌皮礁。因与临海市乌礁重名，又因"乌皮礁"系误用附近一低潮高地之名，第二次全国海域地名普查时更为今名。因岛上裸露的基岩呈黑色，又地处泗淋乡，故名。岸线长 161 米，面积 1 744 平方米，最高点高程 5 米。基岩岛。长有草丛。建有航标灯塔 1 座。

大木杓礁 (Dàmùsháo Jiāo)

北纬 28°53.4′，东经 121°42.1′。位于台州市三门县东南部海域，扩塘山东南约 5 米，距大陆最近点 2.6 千米。又名大木杓、大木杓岛、豆一山。《中国海洋岛屿简况》（1980）记为大木杓。《浙江海岛志》（1998）记为大木杓岛。《全国海岛名称与代码》（2008）记为无名岛 SMN32。2010 年浙江省人民政府公布的第一批无居民海岛名称为大木杓礁。因岛形状若木勺，故名。岸线长 250 米，面积 3 611 平方米，最高点高程 17.1 米。基岩岛。长有草丛。

云斗屿 (Yúndǒu Yǔ)

北纬 28°53.4′，东经 121°41.1′。位于台州市三门县东南部海域，扩塘山南约 65 米潮滩上，距大陆最近点 2.24 千米。曾名云斗礁，又名熨斗礁。《三门县地名志》（1986）和《浙江省海域地名录》（1988）记为云斗屿，曾名云斗礁。《中国海域地名志》（1989）记为云斗屿，曾名熨斗礁、云斗礁。《浙江海岛志》（1998）和《全国海岛名称与代码》（2008）记为云斗屿。因岛形似一只老式熨斗，后谐音演变为"云斗"，故名。岸线长 112 米，面积 797 平方米，最高点高程 6.8 米。基岩岛，由上白垩统塘上组浅灰色流纹质凝灰岩构成。无植被。周围低潮时为泥滩，自然生长螺、蛏子、蚶等。

泥礁 (Ní Jiāo)

北纬 28°53.3′，东经 121°40.4′。位于台州市三门县东南部海域，扩塘山南约 120 米潮滩上，东邻云斗屿，距大陆最近点 1.89 千米。《三门县地名志》（1986）、《浙江省海域地名录》（1988）、《中国海域地名志》（1989）、《浙江海岛志》（1998）、《全国海岛名称与代码》（2008）和 2010 年浙江省人民政府公布的第一批无居民海岛名称均记为泥礁。因周围是泥涂，以岛居泥涂中，故名。

岸线长 173 米，面积 1 398 平方米，最高点高程 7.5 米。基岩岛，由上白垩统塘上组浅灰色流纹质凝灰岩构成。长有草丛。

南泽岛 (Nánzé Dǎo)

北纬 28°52.7′，东经 121°45.8′。位于台州市三门县东南部海域，泽山岛（群岛）最南部，距西北侧扩塘山约 5.8 千米，距北侧北泽岛约 1.7 千米，为泽山岛（群岛）主岛之一，距大陆最近点 7.08 千米。曾名南泽。《中国海洋岛屿简况》（1980）记为南泽。《三门县地名志》（1986）、《浙江省海域地名录》（1988）、《中国海域地名志》（1989）、《浙江古今地名词典》（1990）、《浙江海岛志》（1998）、《全国海岛名称与代码》（2008）和 2010 年浙江省人民政府公布的第一批无居民海岛名称均记为南泽岛。因其为泽山岛（群岛）主岛之一，又居南，故名。岸线长 3.17 千米，面积 0.242 1 平方千米，最高点高程 81.8 米。基岩岛，由上白垩统塘上组浅灰色流纹质凝灰岩构成。岛上建有渔民临时居所及航标灯塔。

小靠背礁 (Xiǎokàobèi Jiāo)

北纬 28°52.5′，东经 121°45.8′。位于台州市三门县东南部海域，南泽岛南约 10 米，南邻三眼礁，属泽山岛（群岛），距大陆最近点 7.5 千米。又名小靠背。《三门县地名志》（1986）记为小靠背。《浙江海岛志》（1998）记为 2052 号无名岛。《全国海岛名称与代码》（2008）记为无名岛 SMN35。《中国海域地名志》（1989）和 2010 年浙江省人民政府公布的第一批无居民海岛名称均记为小靠背礁。因其位于南泽岛南侧，似紧靠在南泽岛上，面积相对较小，故名。岸线长 130 米，面积 748 平方米，最高点高程 11 米。基岩岛。长有草丛。

小靠背东岛 (Xiǎokàobèi Dōngdǎo)

北纬 28°52.5′，东经 121°45.9′。位于台州市三门县东南部海域，南泽岛南约 50 米，东邻三眼礁，属泽山岛（群岛），距大陆最近点 7.6 千米。因地处小靠背礁东侧海域，第二次全国海域地名普查时命今名。岸线长 76 米，面积 387 平方米。基岩岛。无植被。

三眼礁 (Sānyǎn Jiāo)

北纬 28°52.5′，东经 121°45.9′。位于台州市三门县东南部海域，南泽岛南约 35 米，北邻小靠背礁，属泽山岛（群岛），距大陆最近点 7.53 千米。又名三眼斗门礁。《三门县地名志》（1986）、《浙江省海域地名录》（1988）、《中国海域地名志》（1989）均记为三眼礁。因岛顶部凹凸不平，形似三孔斗门，惯称三眼斗门礁，1984 年 12 月命今名。岸线长 103 米，面积 649 平方米，最高点高程 6.9 米。基岩岛。无植被。

小拷贝礁 (Xiǎokǎobèi Jiāo)

北纬 28°52.4′，东经 121°45.2′。位于台州市三门县东南部海域，南泽岛西南约 380 米，西邻大靠背礁，属泽山岛（群岛），距大陆最近点 6.84 千米。2005 年海军司令部航海保证部编制海图记为小拷贝礁。因大靠背礁也称大拷贝礁，此岛位于其附近，较之小，故名。岸线长 236 米，面积 1 821 平方米，最高点高程 3.6 米。基岩岛。无植被。

大靠背礁 (Dàkàobèi Jiāo)

北纬 28°52.4′，东经 121°45.1′。位于台州市三门县东南部海域，南泽岛西南约 570 米，属泽山岛（群岛），距大陆最近点 6.71 千米。又名大靠背、大拷贝礁。《三门县地名志》（1986）记为大靠背。《中国海域地名志》（1989）记为大靠背礁，一作大拷贝礁。《浙江省海域地名录》（1988）、《浙江海岛志》（1998）、《全国海岛名称与代码》（2008）和 2010 年浙江省人民政府公布的第一批无居民海岛名称中均记为大靠背礁。位于小拷贝礁西侧，面积较大，故名。岸线长 283 米，面积 4 047 平方米，最高点高程 7 米。基岩岛，由上白垩统塘上组浅灰色流纹质凝灰岩构成。长有草丛。

小鳖屿 (Xiǎobiē Yǔ)

北纬 28°26.1′，东经 121°38.1′。位于台州市温岭市东北部海域，北港山西北约 70 米，距大陆最近点 1.99 千米。又名小别屿。《浙江省海域地名录》（1988）、《温岭县地名志》（1988）、《中国海域地名志》（1989）均记为小鳖屿，别称小别屿。《浙江海岛志》（1998）、《全国海岛名称与代码》（2008）和 2010 年浙江省人民政府公布的第一批无居民海岛名称均记为小鳖屿。因岛形圆似鳖（甲鱼），并较西南之大鳖屿小，故名。岸线长 465 米，面积 6 277 平方米，最高点高程

10.5 米。基岩岛，由晚侏罗世潜流纹斑岩构成。长有禾草、松树，栖蛇、海鸟等。

迭礁头礁 (Diéjiāotóu Jiāo)

北纬 28°26.0′，东经 121°39.9′。位于台州市温岭市东北部海域，北港山东北约 10 米，距大陆最近点 2.32 千米。又名迭礁头岛。《浙江海岛志》（1998）记为迭礁头岛。《全国海岛名称与代码》（2008）记为无名岛 WLS4。《浙江省海域地名录》（1988）、《温岭县地名志》（1988）、《中国海域地名志》（1989）和 2010 年浙江省人民政府公布的第一批无居民海岛名称均记为迭礁头礁。因其远观如两块礁石相叠，故名。岸线长 339 米，面积 2 830 平方米，最高点高程 23.2 米。基岩岛，由上侏罗统西山头组熔结凝灰岩构成。长有草丛，栖海鸟等。

大鳖屿 (Dàbiē Yǔ)

北纬 28°25.9′，东经 121°37.8′。位于台州市温岭市东北部海域，北港山西约 450 米，距大陆最近点 1.57 千米。别名大别屿，又名大扁屿。《中国海洋岛屿简况》（1980）记为大扁屿。《浙江省海域地名录》（1988）、《温岭县地名志》（1988）、《中国海域地名志》（1989）均记为大鳖屿，别名大别屿。《浙江海岛志》（1998）、《全国海岛名称与代码》（2008）和 2010 年浙江省人民政府公布的第一批无居民海岛名称均记为大鳖屿。因岛形圆似鳖（甲鱼），并较东北之小鳖屿大，故名。岸线长 618 米，面积 0.012 8 平方千米，最高点高程 22.2 米。基岩岛，由晚侏罗世潜流纹斑岩构成。海域周边产少量花蚶、沙蟹。

北港山 (Běigǎng Shān)

北纬 28°25.9′，东经 121°38.6′。位于台州市温岭市松门镇东北侧海域，距温岭市城区约 26 千米，距大陆最近点 1.17 千米。清光绪年间《太平续志·横门山》载"南港、北港，形狭而曲，可避东北风"。《中国海洋岛屿简况》（1980）、《浙江省海域地名录》（1988）、《温岭县地名志》（1988）、《中国海域地名志》（1989）、《浙江古今地名词典》（1990）、《浙江海岛志》（1998）、《全国海岛名称与代码》（2008）均记为北港山。因隔港与南侧之南港山相对，故名。

岸线长 13.36 千米，面积 1.011 4 平方千米，最高点高程 129.3 米。基岩岛，由上侏罗统西山头组熔结凝灰岩构成，仅西南部出露晚侏罗世潜流纹岩。岸线曲折，多海湾、岬角，表土较厚，长松、杉、白蒿、茅草等植被。有居民海岛，隶属温岭市，岛上设有北港行政村。2009 年 12 月有户籍人口 1 275 人，常住人口 1 195 人。经济以捕捞业为主，兼人工海涂养殖、农耕，种植有麦、豆、番薯等。建有卫生所、基督教堂、综合性商店。岛上建有码头 2 座，有渡船往返于大陆之间。西侧山顶建有电塔，用电经跨海电缆由大陆接至。建有小型水库 4 座，2011 年铺设海底自来水管道，引大陆水至岛上。

熨斗屿 (Yùndǒu Yǔ)

北纬 28°25.5′，东经 121°37.0′。位于台州市温岭市东北部海域，北港山西南约 1.8 千米，距大陆最近点 450 米。曾名云头礁，又名云头屿。《中国海洋岛屿简况》（1980）记为云头礁。《浙江省海域地名录》（1988）、《温岭县地名志》（1988）、《中国海域地名志》（1989）均记为熨斗屿，曾名云头礁。《浙江海岛志》（1998）记为熨斗屿，又名云头屿。《全国海岛名称与代码》（2008）和 2010 年浙江省人民政府公布的第一批无居民海岛名称记为熨斗屿。因其形似熨斗，故名。岸线长 460 米，面积 5 502 平方米，最高点高程 16.8 米。基岩岛，由上侏罗统西山头组熔结凝灰岩构成。表土稀薄，长有灌木、草丛。温岭市东方海水养殖场在附近海域有滩涂养殖，并建有养殖管理房，海涂宜养殖蛏子、蛤蜊、花蚶等。

小熨斗礁 (Xiǎoyùndǒu Jiāo)

北纬 28°25.5′，东经 121°36.7′。位于台州市温岭市东北部海域，北港山西南约 2.2 千米，东邻熨斗屿，距大陆最近点 250 米。曾名下蒙礁，又名下墨礁。《中国海洋岛屿简况》（1980）记为下蒙礁。《浙江省海域地名录》（1988）记为下墨礁，曾名下蒙礁。《温岭县地名志》（1988）和《中国海域地名志》（1989）记为下墨礁。《浙江海岛志》（1998）记为 2302 号无名岛。2010 年浙江省人民政府公布的第一批无居民海岛名称为小熨斗礁。因其邻近熨斗屿，又较其小，故名。岸线长 227 米，面积 1 479 平方米，最高点高程 5.5 米。基岩岛，由上侏罗统西山头组熔结凝灰岩构成。无植被。

熨斗仔岛 (Yùndǒuzǎidǎo)

北纬 28°25.5′，东经 121°36.9′。位于台州市温岭市东北部海域，熨斗屿西南约 10 米，距大陆最近点 410 米。因位于熨斗屿近旁，且面积较小，第二次全国海域地名普查时命今名。岸线长 75 米，面积 353 平方米。基岩岛。无植被。

南港山 (Nángǎng Shān)

北纬 28°25.4′，东经 121°39.6′。位于台州市温岭市松门镇东北侧海域，北邻北港山约 400 米，距温岭市城区约 27 千米，距大陆最近点 290 米。清光绪年间《太平续志·横门山》记载"南港、北港，形狭而曲，可避东北风"。《中国海洋岛屿简况》(1980)、《浙江省海域地名录》(1988)、《温岭县地名志》(1988)、《中国海域地名志》(1989)、《浙江海岛志》(1998)、《全国海岛名称与代码》(2008) 中均记为南港山。因隔港与北侧之北港山相对而得名。

岸线长 5.81 千米，面积 1.020 4 平方千米，最高点高程 102.8 米。西部濒临滩涂，水深约 1 米，东部濒海，水深 2~5 米。基岩岛。由上侏罗统西山头组熔结凝灰岩构成。表土肥厚，长松、金竹、茅草等植被。有居民海岛，隶属温岭市，岛上设南港行政村。2009 年 12 月户籍人口 708 人，常住人口 683 人。经济以捕捞业为主，兼海涂人工养殖、农耕，种植有麦、豆、番薯等。岛上建有敬老院、水产加工厂、综合性商店、卫生所等。西南侧建有大桥与大陆相连，东南侧沿岸建有中国石油化工股份有限公司供应站、金港船业、南港制冰厂等，东北面山坡建有航标灯塔 1 座。有百吨级码头 2 座，为金港船业外扩码头和中国石油化工股份有限公司温岭石油支公司龙门南港供应码头。水、电均来源于大陆。

大鼻嘴头礁 (Dàbízuǐtóu Jiāo)

北纬 28°25.0′，东经 121°40.1′。位于台州市温岭市东北部海域，横门山东北约 20 米，距大陆最近点 1.58 千米。又名大鼻嘴头岛。《浙江海岛志》(1998) 记为大鼻嘴头岛。《全国海岛名称与代码》(2008) 记为无名岛 WLS7。2010 年浙江省人民政府公布的第一批无居民海岛名称为大鼻嘴头礁。岸线长 135 米，面积 808 平方米，最高点高程 8.6 米。基岩岛，由上侏罗统西山头组熔结凝灰岩构成。无植被。

九洞门岛 (Jiǔdòngmén Dǎo)

北纬 28°24.7′，东经 121°40.6′。位于台州市温岭市中部沿海，与横门山隔港相望，处横门山东约 100 米，距温岭市城区约 27 千米，距大陆最近点 1.12 千米。曾名九洞门、白岩山、会同门，别名狗洞门，亦名洞门岛。《中国海洋岛屿简况》（1980）记为九洞门。《浙江省海域地名录》（1988）记为九洞门岛，别名狗洞门，曾名九洞门、白岩山。《温岭县地名志》（1988）、《中国海域地名志》（1989）、《浙江古今地名词典》（1990）均记为九洞门岛，别名狗洞门，亦有称洞门岛。《浙江海岛志》（1998）记为九洞门岛，曾名会同门、白岩山。《全国海岛名称与代码》（2008）记为九洞门岛。因其与横门山之间的水道狭窄，当地人喻之为狗洞门，方言"狗""九"同音，谐为今名。

岸线长 7.62 千米，面积 1.013 平方千米，最高点高程 128.3 米。基岩岛，由上侏罗统西山头组熔结凝灰岩构成，表土较厚。长松树、芒萁、杜鹃等植物。有居民海岛，隶属温岭市，岛上设有铜门行政村。2009 年 12 月户籍人口 508 人，常住人口 510 人。居民多居住于西部山麓，经济以渔业为主，兼水产品加工业，并开垦耕地，种植豆、番薯等农作物。西侧建有航标灯塔 1 座，西南侧建有龙门船业造船厂、铜门制冰厂等。有百吨级码头 1 座，有渡船往返于横门山之间。建有小型水库 3 处，可供居民日常用水，电力经跨海电缆由大陆接至。

小龟屿 (Xiǎoguī Yǔ)

北纬 28°24.7′，东经 121°43.1′。位于台州市温岭市东部海域，距大陆最近点 5.77 千米。曾名小贵屿。《中国海洋岛屿简况》（1980）记为小贵屿。《浙江省海域地名录》（1988）和《温岭县地名志》（1988）记为称小龟屿，曾名小贵屿。《中国海域地名志》（1989）和《浙江海岛志》（1998）、《全国海岛名称与代码》（2008）和 2010 年浙江省人民政府公布的第一批无居民海岛名称均记为小龟屿。岸线长 211 米，面积 2 043 平方米。基岩岛，由晚侏罗世潜流纹斑岩构成。无植被。建有航标灯塔 1 座。

横门山 (Héngmén Shān)

北纬 28°24.7′，东经 121°39.7′。位于台州市温岭市中部沿海，与东侧九洞门岛隔港相望，距北侧南港山约 400 米，距大陆最近点 170 米。曾名外门山。清光绪年间《太平续志·横门山》载"在石板殿北，形椭圆，周五里许，可避南北二面风……"《浙江省海域地名录》（1988）、《温岭县地名志》（1988）、《中国海域地名志》（1989）、《浙江海岛志》（1998）均记为横门山，曾名外门山。《中国海洋岛屿简况》（1980）和《全国海岛名称与代码》（2008）记为横门山。以地处松门港外得名外门山，后谐为今名。

岸线长 5.32 千米，面积 0.530 3 平方千米，最高点高程 48.3 米。与九洞门岛间为长 350 米、宽 80 米的水道，水流平缓，避风条件好。基岩岛，由上侏罗统西山头组熔结凝灰岩构成。工程地质条件良好，被列入龙门港工程规划，西北部已动工建设。表土肥厚，长松树、芒萁、茅草、杜鹃、白蒿等植被。有居民海岛，隶属温岭市，岛上设横门行政村。2009 年 12 月有户籍人口 1 246 人，常住人口 1 290 人。经济以渔业为主，兼农耕、水产品加工。有码头 4 座，可供船只停靠、装卸货，有渡船往返于九洞门岛之间。西南部建有横门跨海大桥，与大陆间有班车往返。水、电均来源于大陆。

小蟛蜞岛 (Xiǎopéngqí Dǎo)

北纬 28°24.3′，东经 121°40.9′。位于台州市温岭市东部海域，九洞门岛南约 220 米，距大陆最近点 2.13 千米。因位于蟛蜞礁附近，且面积较之小，第二次全国海域地名普查时命今名。岸线长 140 米，面积 865 平方米。基岩岛。长有草丛。

蟛蜞礁 (Péngqí Jiāo)

北纬 28°24.2′，东经 121°40.8′。位于台州市温岭市东部海域，九洞门岛南约 320 米，距大陆最近点 2.03 千米。曾名小洲礁，别名横岐礁、修屿头。《浙江省海域地名录》（1988）和《温岭县地名志》（1988）记为蟛蜞礁，别名横岐礁，曾名小洲礁。《中国海域地名志》（1989）记为蟛蜞礁，别名横岐礁。《浙江海岛志》（1998）记为横岐礁，又称修屿头。《全国海岛名称与代码》（2008）记为无名岛 WLS9。2010 年浙江省人民政府公布的第一批无居民海岛名称为蟛蜞礁。以其形若蟛蜞（蟹）得名。岸线长 237 米，面积 3 525 平方米，最高点高程 12.7 米。基岩岛，由上侏罗统西山头组熔结凝灰岩构成。长草丛。建有航标灯塔 1 座。

西板礁 (Xībǎn Jiāo)

北纬 28°23.5′，东经 121°40.9′。位于台州市温岭市东部海域，距大陆最近点 2.38 千米。《浙江海岛志》（1998）记为 2343 号无名岛。《全国海岛名称与代码》（2008）记为无名岛 WLS13。2010 年浙江省人民政府公布的第一批无居民海岛名称为西板礁。岸线长 310 米，面积 845 平方米，最高点高程 10 米。基岩岛，由上侏罗统西山头组熔结凝灰岩构成。无植被。

蛤蟆北岛 (Háma Běidǎo)

北纬 28°23.3′，东经 121°41.1′。位于台州市温岭市东部海域，蛤蟆屿北约 10 米，距大陆最近点 2.94 千米。因位于蛤蟆屿北侧，第二次全国海域地名普查时命今名。岸线长 73 米，面积 367 平方米。基岩岛。无植被。

蛤蟆屿 (Háma Yǔ)

北纬 28°23.3′，东经 121°41.1′。位于台州市温岭市东部海域，距大陆最近点 2.8 千米。《浙江省海域地名录》（1988）、《温岭县地名志》（1988）、《中国海域地名志》（1989）、《浙江海岛志》（1998）、《全国海岛名称与代码》（2008）和 2010 年浙江省人民政府公布的第一批无居民海岛名称均记为蛤蟆屿。因岛形状如蛤蟆，故名。岸线长 925 米，面积 0.026 2 平方千米，最高点高程 39.5 米。基岩岛，由上侏罗统西山头组熔结凝灰岩构成。长有灌木、草丛，栖海鸟等。岛西南侧为沙滩，产海沙。

积谷上岛 (Jīgǔ Shàngdǎo)

北纬 28°23.0′，东经 121°43.6′。位于台州市温岭市东部海域，距大陆最近点 6.97 千米。第二次全国海域地名普查时命今名。岸线长 135 米，面积 522 平方米。基岩岛。无植被。

积谷下岛 (Jīgǔ Xiàdǎo)

北纬 28°22.8′，东经 121°43.6′。位于台州市温岭市东部海域，距大陆最近点 7.04 千米。因相对积谷上岛偏南（下），第二次全国海域地名普查时命今名。

岸线长 203 米，面积 1 261 平方米。基岩岛。无植被。

小积谷礁 (Xiǎojīgǔ Jiāo)

北纬 28°22.8′，东经 121°42.2′。位于台州市温岭市东部海域，距北沙镶岛约 1.2 千米，距大陆最近点 4.93 千米。曾名乌礁，又名小积谷。《中国海洋岛屿简况》（1980）记为小积谷。《浙江省海域地名录》（1988）和《浙江海岛志》（1998）记为小积谷礁，曾名乌礁。《温岭县地名志》（1988）、《中国海域地名志》（1989）、《全国海岛名称与代码》（2008）和 2010 年浙江省人民政府公布的第一批无居民海岛名称均记为小积谷礁。岸线长 139 米，面积 957 平方米，最高点高程 8.2 米。基岩岛，由晚侏罗世潜流纹斑岩构成。无植被。

积谷山一岛 (Jīgǔshān Yīdǎo)

北纬 28°22.7′，东经 121°43.3′。位于台州市温岭市东部海域，距大陆最近点 6.43 千米。第二次全国海域地名普查时命今名。岸线长 24 米，面积 34 平方米。基岩岛。无植被。

积谷山二岛 (Jīgǔshān Èrdǎo)

北纬 28°22.7′，东经 121°43.3′。位于台州市温岭市东部海域，距大陆最近点 6.52 千米。第二次全国海域地名普查时命今名。岸线长 70 米，面积 126 平方米。基岩岛。无植被。

积谷山三岛 (Jīgǔshān Sāndǎo)

北纬 28°22.7′，东经 121°43.4′。位于台州市温岭市东部海域，距大陆最近点 6.59 千米。第二次全国海域地名普查时命今名。岸线长 49 米，面积 89 平方米。基岩岛。无植被。

积谷山四岛 (Jīgǔshān Sìdǎo)

北纬 28°22.7′，东经 121°43.4′。位于台州市温岭市东部海域，距大陆最近点 6.62 千米。第二次全国海域地名普查时命今名。岸线长 32 米，面积 69 平方米。基岩岛。无植被。

积谷山五岛 (Jīgǔshān Wǔdǎo)

北纬 28°22.7′，东经 121°43.4′。位于台州市温岭市东部海域，距大陆最近点 6.66 千米。第二次全国海域地名普查时命今名。岸线长 39 米，面积 67 平方米。基岩岛。无植被。

积谷山六岛 (Jīgǔshān Liùdǎo)

北纬 28°22.7′，东经 121°43.5′。位于台州市温岭市东部海域，距大陆最近点 6.73 千米。第二次全国海域地名普查时命今名。岸线长 31 米，面积 48 平方米。基岩岛。无植被。

积谷山七岛 (Jīgǔshān Qīdǎo)

北纬 28°22.7′，东经 121°43.5′。位于台州市温岭市东部海域，距大陆最近点 6.78 千米。第二次全国海域地名普查时命今名。岸线长 39 米，面积 75 平方米。基岩岛。无植被。

积谷山八岛 (Jīgǔshān Bādǎo)

北纬 28°23.0′，东经 121°43.7′。位于台州市温岭市东部海域，距大陆最近点 7.08 千米。第二次全国海域地名普查时命今名。岸线长 47 米，面积 134 平方米。基岩岛。无植被。

北沙镬岛 (Běishāhuò Dǎo)

北纬 28°23.0′，东经 121°41.2′。位于台州市温岭市九洞门岛南侧，南邻南沙镬岛，距温岭市城区约 30 千米，距大陆最近点 2.86 千米。曾名前沙山、沙钱山、沙镬山。清光绪年间《太平续志·叙志》载"……南镬、北镬悬立于龙王堂山之外，卑不甚高……"《中国海洋岛屿简况》（1980）记为前沙山。《浙江省海域地名录》（1988）、《温岭县地名志》（1988）、《浙江海岛志》（1998）均记为北沙镬岛，曾名前沙山、沙钱山、沙镬山。《中国海域地名志》（1989）和《全国海岛名称与代码》（2008）记为北沙镬岛。因岛西有大片沙滩（前沙滩），四周岛屿围合如锅（俗称镬），其南有南沙镬岛，故名。

岸线长 4.95 千米，面积 0.357 平方千米，最高点高程 47.7 米。基岩岛，由上侏罗统西山头组熔结凝灰岩构成，表土较厚。长松树、茅草等。垦有耕地，可植豆、麦、薯等作物。与南沙镬岛交界处，低潮步行可达。西濒前沙滩，产海沙，水深小于 1 米。有居民海岛，隶属温岭市。2009 年 12 月户籍人口 337 人，常住人口 339 人。因交通不便，居民已内迁至大陆，在大陆设有沙镬行政村。现多为渔民季节性上岛居住。

后屿 (Hòu Yǔ)

北纬 28°22.8′，东经 121°41.7′。位于台州市温岭市东部海域，北沙镬岛东南约 360 米，距大陆最近点 3.98 千米。别名双屿。《浙江省海域地名录》（1988）记为后屿，别名双屿。《中国海洋岛屿简况》（1980）、《温岭县地名志》（1988）、《中国海域地名志》（1989）、《浙江海岛志》（1998）、《全国海岛名称与代码》（2008）和 2010 年浙江省人民政府公布的第一批无居民海岛名称均记为后屿。因其位于前屿东北侧，相对前屿而得名。与前屿合称双屿。岸线长 588 米，面积 0.011 2 平方千米，最高点高程 24.7 米。基岩岛，由上侏罗统西山头组熔结凝灰岩构成。长有禾草、马尾松等。

前屿 (Qián Yǔ)

北纬 28°22.7′，东经 121°41.5′。位于台州市温岭市东部海域，北沙镬岛东南约 300 米，距大陆最近点 3.75 千米。别名双屿。《温岭县地名志》（1988）和《浙江省海域地名录》（1988）中记为前屿，别名双屿。《中国海洋岛屿简况》（1980）、《中国海域地名志》（1989）、《浙江海岛志》（1998）、《全国海岛名称与代码》（2008）和 2010 年浙江省人民政府公布的第一批无居民海岛名称均记为前屿。因其位于后屿西南侧，相对后屿而得名。与后屿合称双屿。岸线长 406 米，面积 5 043 平方米，最高点高程 24.5 米。基岩岛，由上侏罗统西山头组熔结凝灰岩构成。长有草丛，栖蛇、海鸟等。

龙门长礁 (Lóngmén Chángjiāo)

北纬 28°22.7′，东经 121°43.6′。位于台州市温岭市东部海域，距大陆最近点 6.92 千米。《浙江海岛志》（1998）记为 2354 号无名岛。《全国海岛名称与代码》（2008）记为无名岛 WLS14。2010 年浙江省人民政府公布的第一批无居民海岛名称为龙门长礁。因其位于原龙门乡，且呈长条形，故名。岸线长 123 米，面积 489 平方米，最高点高程 8 米。基岩岛，由上侏罗统西山头组熔结凝灰岩构成。无植被。

长乌礁 (Chángwū Jiāo)

北纬 28°22.6′，东经 121°42.2′。位于台州市温岭市东部海域，距北沙镬岛约 1.3 千米，距大陆最近点 4.82 千米。曾名小积谷、分水礁、长礁、乌礁，又名长鸟礁。《浙江省海域地名录》（1988）、《温岭县地名志》（1988）、《浙江海岛志》（1998）均记为长乌礁，曾名小积谷、分水礁。《中国海域地名志》（1989）记为长乌礁，曾名长礁、乌礁。《全国海岛名称与代码》（2008）记为长鸟礁。2010 年浙江省人民政府公布的第一批无居民海岛名称为长乌礁。原名有二：一为长礁，一为乌礁，因省内重名，取原名各一字得名。岸线长 604 米，面积 0.012 2 平方千米，最高点高程 10.1 米。基岩岛，由上侏罗统西山头组熔结凝灰岩构成。无植被。建有航标灯塔 1 座。

上虾米礁 (Shàngxiāmǐ Jiāo)

北纬 28°22.6′，东经 121°40.7′。位于台州市温岭市东部海域，南沙镬岛北约 20 米，距大陆最近点 2.47 千米。《浙江海岛志》（1998）中记为 2357 号无名岛。《全国海岛名称与代码》（2008）记为无名岛 WLS15。2010 年浙江省人民政府公布的第一批无居民海岛名称为上虾米礁。因岛形状如虾米，比下虾米礁位置相对偏北（上），故名。岸线长 99 米，面积 642 平方米，最高点高程 5.5 米。基岩岛，由上侏罗统西山头组熔结凝灰岩构成。无植被。

下虾米礁 (Xiàxiāmǐ Jiāo)

北纬 28°22.6′，东经 121°40.6′。位于台州市温岭市东部海域，南沙镬岛北约 5 米，距大陆最近点 2.41 千米。《浙江海岛志》（1998）记为 2359 号无名岛。《全国海岛名称与代码》（2008）记为无名岛 WLS16。2010 年浙江省人民政府公布的第一批无居民海岛名称为下虾米礁。因岛形状如虾米，比上虾米礁比相对偏南（下），故名。岸线长 118 米，面积 669 平方米，最高点高程 4.7 米。基岩岛，由上侏罗统西山头组熔结凝灰岩构成。无植被。

南沙镬岛 (Nánshāhuò Dǎo)

北纬 28°22.5′，东经 121°40.8′。位于台州市温岭市东侧海域，北沙镬岛南约 60 米，距温岭市城区约 29 千米，距大陆最近点 2.14 千米。曾名前沙山、沙钱山、沙镬山。清光绪年间《太平续志·叙志》载"……南镬、北镬悬立于龙王堂山之外，卑不甚高……"《浙江省海域地名录》（1988）和《温岭县地名志》（1988）记为南沙镬岛，曾名前沙山、沙钱山、沙镬山。《中国海域地名志》（1989）、《浙江海岛志》（1998）、《全国海岛名称与代码》（2008）均记为南沙镬岛。因处沙镬山（南沙镬山、北沙镬山总称）南部，故名。

岸线长 5.51 千米，面积 0.403 2 平方千米，最高点高程 73.8 米。基岩岛，由上侏罗统西山头组熔结凝灰岩构成，仅东北部出露晚第三纪潜玄武岩。长有松树、芒萁、茅草等植被，南侧沙滩为褐黄色沙性根植土，垦有耕地，可种植旱地作物。与北沙镬岛交界处，低潮步行可达。西侧山坡建有航标灯塔 1 座。有居民海岛，隶属温岭市。2009 年 12 月有户籍人口 286 人，常住人口 288 人。因交通不便，居民已内迁，在大陆设有沙镬行政村。现多为渔民季节性上岛居住。

南沙镬里岛 (Nánshāhuò Lǐdǎo)

北纬 28°22.3′，东经 121°40.7′。位于台州市温岭市东部海域，南沙镬岛西南约 10 米，距大陆最近点 2.72 千米。因位于南沙镬岛旁，相对附近其他海岛离南沙镬岛更近，第二次全国海域地名普查时命今名。岸线长 185 米，面积 1 970 平方米。基岩岛。无植被。

南小山礁 (Nánxiǎoshān Jiāo)

北纬 28°22.2′，东经 121°40.9′。位于台州市温岭市东部海域，南沙镬岛南约 30 米，距大陆最近点 2.95 千米。又名南小山。《浙江海岛志》（1998）记为南小山。《全国海岛名称与代码》（2008）记为无名岛 WLS17。2010 年浙江省人民政府公布的第一批无居民海岛名称为南小山礁。因位于南沙镬岛南侧，且较其小，故名。岸线长 132 米，面积 688 平方米，最高点高程 22.3 米。基岩岛，由上侏罗统西山头组熔结凝灰岩构成。长有草丛。

洛屿开礁 (Luòyǔ Kāijiāo)

北纬 28°22.2′，东经 121°41.0′。位于台州市温岭市东部海域，南沙镬岛南约 210 米，距大陆最近点 2.92 千米。又名小门。《浙江海岛志》（1998）记为洛屿开礁，又名小门。《浙江省海域地名录》（1988）、《温岭县地名志》（1988）、《中国海域地名志》（1989）、《全国海岛名称与代码》（2008）和 2010 年浙江省人民政府公布的第一批无居民海岛名称均记为洛屿开礁。岸线长 284 米，面积 3 990 平方米，最高点高程 22.3 米。基岩岛，由上侏罗统西山头组熔结凝灰岩构成。长有灌木、草丛。

对面山一岛 (Duìmiànshān Yīdǎo)

北纬 28°22.1′，东经 121°41.0′。位于台州市温岭市东部海域，距大陆最近点 2.95 千米。第二次全国海域地名普查时命今名。岸线长 76 米，面积 306 平方米。基岩岛。无植被。

对面山二岛 (Duìmiànshān Èrdǎo)

北纬 28°22.2′，东经 121°41.2′。位于台州市温岭市东部海域，南沙镘岛东南约 250 米，距大陆最近点 3.27 千米。第二次全国海域地名普查时命今名。岸线长 69 米，面积 298 平方米。基岩岛。无植被。

丁嘴头礁 (Dīngzuǐtóu Jiāo)

北纬 28°22.0′，东经 121°39.5′。位于台州市温岭市东部海域，距大陆最近点 1.29 千米。《浙江海岛志》（1998）记为丁嘴头礁。《全国海岛名称与代码》（2008）记为无名岛 WLS19。2010 年浙江省人民政府公布的第一批无居民海岛名称为丁嘴头礁。岸线长 296 米，面积 4 996 平方米，最高点高程 23.3 米。基岩岛，由上侏罗统西山头组熔结凝灰岩构成。长有灌木、草丛。建有航标灯塔 1 座。

栖凤岛 (Qīfèng Dǎo)

北纬 28°22.0′，东经 121°41.2′。位于台州市温岭市东部海域，坎下屿北约 100 米，距大陆最近点 2.87 千米。因岛形如栖息的凤凰，第二次全国海域地名普查时命今名。岸线长 18 米，面积 15 平方米。基岩岛。无植被。

山人屿 (Shānrén Yǔ)

北纬 28°21.9′，东经 121°39.0′。位于台州市温岭市东部海域，距大陆最近点 840 米。又名杀人屿、杀人岛。《浙江省海域地名录》（1988）和《温岭县地名志》（1988）记为山人屿。《中国海域地名志》（1989）和《浙江海岛志》（1998）

记为山人屿，俗名杀人屿。《全国海岛名称与代码》（2008）和 2010 年浙江省人民政府公布的第一批无居民海岛名称为山人屿。据传旧时在此杀过人，俗称"杀人岛"，因不雅，谐为今名。岸线长 324 米，面积 5 032 平方米，最高点高程 18.4 米。基岩岛，由上侏罗统西山头组熔结凝灰岩构成。岛北为松门港，南侧为滩涂。

花罗屿 (Huāluó Yǔ)

北纬 28°21.9′，东经 121°38.3′。位于台州市温岭市东部海域，距大陆最近点 100 米。《中国海洋岛屿简况》（1980）、《浙江省海域地名录》（1988）、《温岭县地名志》（1988）、《中国海域地名志》（1989）、《浙江海岛志》（1998）、《全国海岛名称与代码》（2008）均记为花罗屿。因岛形状若一竹制盛虾之篓，方言"花"与"虾"、"罗"与"篓"同音，故名。岛体呈东北—西南走向。岸线长 434 米，面积 8 604 平方米，最高点高程 18 米。基岩岛，由上侏罗统西山头组熔结凝灰岩构成。长有灌木、草丛，栖蛇、鼠、海鸟等。岛上建有浙江远东石油贸易有限公司石油供应站及其附属码头。2009 年 12 月有常住人口 10 人。建有水池，可供少量淡水，电力来源于大陆，由架空电线接至。

碎米礁 (Suìmǐ Jiāo)

北纬 28°21.9′，东经 121°41.1′。位于台州市温岭市东部海域，坎下屿西北约 140 米，距大陆最近点 2.66 千米。《浙江省海域地名录》（1988）、《温岭县地名志》（1988）、《中国海域地名志》（1989）均记为碎米礁。因周边多小礁，远观若一堆碎米，故名。岸线长 101 米，面积 375 平方米。基岩岛。无植被。

坎下屿 (Kǎnxià Yǔ)

北纬 28°21.9′，东经 121°41.2′。位于台州市温岭市东部海域，距大陆最近点 2.71 千米。曾名岸下，又名坎下。《中国海洋岛屿简况》（1980）记为坎下。《浙江省海域地名录》（1988）、《温岭县地名志》（1988）、《中国海域地名志》（1989）、《浙江海岛志》（1998）均记为坎下屿，曾名岸下。《全国海岛名称与代码》（2008）和 2010 年浙江省人民政府公布的第一批无居民海岛名称均记为坎下屿。因其位于南沙镶岛以南，处附近岛礁群边缘，故名。岸线长 451 米，面积

0.012 6 平方千米，最高点高程 24.4 米。基岩岛，由上侏罗统西山头组熔结凝灰岩构成。长有草丛，栖蛇、海鸟等。

甘草屿 (Gāncǎo Yǔ)

北纬 28°21.8′，东经 121°38.6′。位于台州市温岭市东部海域，距大陆最近点 420 米。曾名干草屿。《浙江海岛志》（1998）记为甘草屿，曾名干草屿。《中国海洋岛屿简况》（1980）、《浙江省海域地名录》（1988）、《温岭县地名志》（1988）、《中国海域地名志》（1989）和《全国海岛名称与代码》（2008）均记为甘草屿。因该岛土壤肥沃，曾产甘草，故名。岸线长 1.16 千米，面积 0.069 9 平方千米，最高点高程 16 米。基岩岛，由上侏罗统西山头组熔结凝灰岩构成。长有灌木、草丛，栖鼠、海鸟等。2009 年 12 月岛上有常住人口 15 人。建有制冰厂、厂房、观音庙、码头、电塔等。周围海域产贝类。

龙门鸡冠屿 (Lóngmén Jīguān Yǔ)

北纬 28°21.8′，东经 121°41.1′。位于台州市温岭市东部海域，坎下屿南约 130 米，距大陆最近点 2.52 千米。又名鸡冠屿、鸡冠头屿、鸡冠头。《中国海洋岛屿简况》（1980）记为鸡冠头。《浙江省海域地名录》（1988）、《温岭县地名志》（1988）、《中国海域地名志》（1989）、《全国海岛名称与代码》（2008）均记为鸡冠头屿。《浙江海岛志》（1998）记为鸡冠屿。2010 年浙江省人民政府公布的第一批无居民海岛名称为龙门鸡冠屿。因其形似鸡冠，位于原龙门乡，故名。岸线长 323 米，面积 4 101 平方米，最高点高程 22.2 米。基岩岛，由上侏罗统西山头组熔结凝灰岩构成。长有灌木、草丛。建有航标灯塔 1 座。

东窟里礁 (Dōngkūlǐ Jiāo)

北纬 28°21.7′，东经 121°39.2′。位于台州市温岭市东部海域，距大陆最近点 850 米。《浙江省海域地名录》（1988）记为东窟里礁。岸线长 103 米，面积 479 平方米，最高点高程 5 米。基岩岛。无植被。

刺蓬礁 (Cìpéng Jiāo)

北纬 28°21.6′，东经 121°39.2′。位于台州市温岭市东部海域，距大陆最近点 590 米。别名黄牛刺蓬礁。《浙江省海域地名录》（1988）、《温岭县地名志》

（1988）、《中国海域地名志》（1989）均记为刺蓬礁，别名黄牛刺蓬礁。以岛上多生黄牛刺丛（俗称蓬）得名。岸线长 189 米，面积 1 659 平方米，最高点高程 12.5 米。基岩岛。无植被。

白谷西岛 (Báigǔ Xīdǎo)

北纬 28°21.2′，东经 121°39.4′。位于台州市温岭市东部海域，白谷礁西北约 5 米，距大陆最近点 10 米。因位于白谷礁西侧，第二次全国海域地名普查时命今名。岸线长 72 米，面积 236 平方米。基岩岛。无植被。

白谷礁 (Báigǔ Jiāo)

北纬 28°21.2′，东经 121°39.5′。位于台州市温岭市东部海域，距斜头岛约 960 米，距大陆最近点 20 米。《温岭县地名志》（1988）、《中国海域地名志》（1989）、《浙江海岛志》（1998）、《全国海岛名称与代码》（2008）和 2010 年浙江省人民政府公布的第一批无居民海岛名称均记为白谷礁。因其紧邻白谷嘴得名。岸线长 432 米，面积 4 059 平方米，最高点高程 20.5 米。基岩岛，由上侏罗统西山头组熔结凝灰岩构成。长有灌木、草丛，栖海鸟等。周围海域产墨鱼、黄鱼及小鱼虾。

白谷南岛 (Báigǔ Nándǎo)

北纬 28°21.2′，东经 121°39.4′。位于台州市温岭市东部海域，白谷礁南约 5 米，距大陆最近点 60 米。因位于白谷礁南侧，第二次全国海域地名普查时命今名。岸线长 171 米，面积 1 067 平方米。基岩岛。无植被。

斜头岛 (Xiétóu Dǎo)

北纬 28°20.9′，东经 121°40.1′。位于台州市温岭市东部海域，距大陆最近点 10 米。又名和尚头。《中国海洋岛屿简况》（1980）记为和尚头。《浙江省海域地名录》（1988）、《温岭县地名志》（1988）、《中国海域地名志》（1989）、《浙江海岛志》（1998）均记为斜头岛，别名和尚头。《全国海岛名称与代码》（2008）和 2010 年浙江省人民政府公布的第一批无居民海岛名称均记为斜头岛。因相邻的大陆岬角为西南—东北向倾斜，该岛亦同向倾斜，故名。岸线长 1.65 千米，面积 0.080 5 平方千米，最高点高程 66 米。基岩岛，由燕山晚期钾长花岗岩构成。长有禾草、马尾松等，栖蛇、鼠、海鸟等。周围海域产墨鱼及小鱼虾。

里水牛礁 (Lǐshuǐniú Jiāo)

北纬 28°20.7′，东经 121°39.2′。位于台州市温岭市东部海域，斜头岛西南约 1.2 千米，距大陆最近点 30 米。又名水牛礁。《浙江省海域地名录》（1988）、《温岭县地名志》（1988）均记为里水牛礁。因岛形如水牛，位于水桶澳内（里），故名。岸线长 76 米，面积 328 平方米，最高点高程 7.8 米。基岩岛。无植被。

草驴岛 (Cǎolǘ Dǎo)

北纬 28°20.1′，东经 121°39.1′。位于台州市温岭市东部海域，斜头岛西南约 2.1 千米，距大陆最近点 10 米。因岛形似驴子，第二次全国海域地名普查时命今名。岸线长 115 米，面积 466 平方米。无植被。

楔子岛 (Xiēzi Dǎo)

北纬 28°19.9′，东经 121°38.9′。位于台州市温岭市东部海域，斜头岛西南约 2.5 千米，距大陆最近点 20 米。因其状似楔子，第二次全国海域地名普查时命今名。岸线长 158 米，面积 932 平方米。基岩岛。无植被。

白礁 (Bái Jiāo)

北纬 28°18.4′，东经 121°40.3′。位于台州市温岭市东部海域，距大陆最近点 2.61 千米。《中国海洋岛屿简况》（1980）、《浙江省海域地名录》（1988）、《温岭县地名志》（1988）、《中国海域地名志》（1989）、《浙江海岛志》（1998）、《全国海岛名称与代码》（2008）和 2010 年浙江省人民政府公布的第一批无居民海岛名称均记为白礁。因岛顶部有白色岩石，连接成片，故名。岸线长 242 米，面积 2 524 平方米，最高点高程 17.4 米。基岩岛，由上侏罗统西山头组熔结凝灰岩构成。长有草丛，栖海鸟等。

白礁南岛 (Báijiāo Nándǎo)

北纬 28°18.4′，东经 121°40.2′。位于台州市温岭市东部海域，白礁西南约 40 米，距大陆最近点 2.63 千米。因位于白礁西南方，第二次全国海域地名普查时命今名。岸线长 16 米，面积 16 平方米。基岩岛。无植被。

漏斗礁 (Lòudǒu Jiāo)

北纬 28°18.4′，东经 121°39.0′。位于台州市温岭市东部海域，隔海山岛北约 250 米，距大陆最近点 580 米。《浙江海岛志》（1998）记为 2390 号无名岛。《全国海岛名称与代码》（2008）记为无名岛 WLS22。2010 年浙江省人民政府公布的第一批无居民海岛名称为漏斗礁。因远观该岛如倒扣的漏斗，故名。岸线长 169 米，面积 787 平方米，最高点高程 10 米。基岩岛。长有草丛。

漏门礁 (Lòumén Jiāo)

北纬 28°18.3′，东经 121°38.9′。位于台州市温岭市东部海域，隔海山岛北约 190 米，距大陆最近点 550 米。《浙江省海域地名录》（1988）、《温岭县地名志》（1988）、《中国海域地名志》（1989）、《浙江海岛志》（1998）、《全国海岛名称与代码》（2008）和 2010 年浙江省人民政府公布的第一批无居民海岛名称均记为漏门礁。因岛南北两端隆起，中部低平，远观形若一扇没有顶梁的门，故名。岸线长 178 米，面积 1 430 平方米，最高点高程 12.3 米。基岩岛，由燕山晚期钾长花岗岩构成。长有草丛，栖海鸟等。

万皮礁 (Wànpí Jiāo)

北纬 28°18.2′，东经 121°40.0′。位于台州市温岭市东部海域，距大陆最近点 2.25 千米。又名乌礁。《浙江省海域地名录》（1988）、《温岭县地名志》（1988）、《浙江海岛志》（1998）均记为乌礁，别名万皮礁。《中国海域地名志》（1989）和《全国海岛名称与代码》（2008）记为乌礁。2010 年浙江省人民政府公布的第一批无居民海岛名称为万皮礁。因岛上岩石色黑，称乌皮礁，方言"乌"与"万"同音，故名。岸线长 182 米，面积 1 436 平方米，最高点高程 7 米。基岩岛，由上侏罗统西山头组熔结凝灰岩构成。无植被。附近海域产鲈鱼、海鲫等。

隔海礁 (Géhǎi Jiāo)

北纬 28°18.2′，东经 121°39.1′。位于台州市温岭市东部海域，隔海山岛东约 25 米，距大陆最近点 830 米。《全国海岛名称与代码》（2008）记为无名岛 WLS26。《浙江海岛志》（1998）和 2010 年浙江省人民政府公布的第一批无居民海岛名称均记为隔海礁。因其位于隔海山岛附近，借用"隔海"命名。岸线长 354 米，面积 2 424 平方米，最高点高程 10 米。基岩岛，由上侏罗统西山头组熔结凝灰岩构成。长有灌木、草丛。

小钓浜岛 (Xiǎodiàobāng Dǎo)

北纬 28°18.1′，东经 121°38.7′。位于台州市温岭市东部海域，隔海山岛西约 50 米，距大陆最近点 180 米。《全国海岛名称与代码》(2008) 记为无名岛 WLS25。因其位于原钓浜乡，且体积较小，第二次全国海域地名普查时命今名。岸线长 178 米，面积 1 982 平方米，最高点高程 8.8 米。基岩岛。无植被。整岛已被开发为码头。

高沙山一岛 (Gāoshāshān Yīdǎo)

北纬 28°18.1′，东经 121°39.6′。位于台州市温岭市东部海域，距大陆最近点 1.66 千米。第二次全国海域地名普查时命今名。岸线长 67 米，面积 193 平方米。基岩岛。无植被。

高沙山二岛 (Gāoshāshān Èrdǎo)

北纬 28°18.1′，东经 121°39.6′。位于台州市温岭市东部海域，距大陆最近点 1.66 千米。第二次全国海域地名普查时命今名。岸线长 49 米，面积 142 平方米。基岩岛。无植被。

高沙山三岛 (Gāoshāshān Sāndǎo)

北纬 28°18.1′，东经 121°39.6′。位于台州市温岭市东部海域，距大陆最近点 1.76 千米。第二次全国海域地名普查时命今名。岸线长 103 米，面积 241 平方米。基岩岛。无植被。

高沙山四岛 (Gāoshāshān Sìdǎo)

北纬 28°18.1′，东经 121°39.7′。位于台州市温岭市东部海域，距大陆最近点 1.84 千米。第二次全国海域地名普查时命今名。岸线长 58 米，面积 96 平方米。基岩岛。无植被。

高沙山五岛 (Gāoshāshān Wǔdǎo)

北纬 28°18.1′，东经 121°39.7′。位于台州市温岭市东部海域，距大陆最近点 1.81 千米。第二次全国海域地名普查时命今名。岸线长 47 米，面积 96 平方米。

基岩岛。无植被。

百亩二礁 (Bǎimǔ Èrjiāo)

北纬 28°18.1′，东经 121°39.5′。位于台州市温岭市东部海域，距大陆最近点 1.6 千米。《浙江海岛志》（1998）记为 2400 号无名岛。《全国海岛名称与代码》（2008）记为无名岛 WLS27。2010 年浙江省人民政府公布的第一批无居民海岛名称为百亩二礁。因紧邻百亩一礁（现已注销），加序数得名。岸线长 92 米，面积 272 平方米，最高点高程 4.8 米。基岩岛，由上侏罗统西山头组熔结凝灰岩构成。无植被。

百亩三礁 (Bǎimǔ Sānjiāo)

北纬 28°18.1′，东经 121°39.6′。位于台州市温岭市东部海域，距大陆最近点 1.61 千米。《浙江海岛志》（1998）记为 2401 号无名岛。《全国海岛名称与代码》（2008）记为无名岛 WLS28。2010 年浙江省人民政府公布的第一批无居民海岛名称为百亩三礁。因紧邻百亩一礁（现已注销），加序数得名。岸线长 120 米，面积 323 平方米，最高点高程 5 米。基岩岛，由上侏罗统西山头组熔结凝灰岩构成。无植被。

乌龟屿 (Wūguī Yǔ)

北纬 28°18.1′，东经 121°27.9′。位于台州市温岭市东部海域，隘顽湾西北，距大陆最近点 320 米。又名渡浦屿。《中国海洋岛屿简况》（1980）记为渡浦屿。《温岭县地名志》（1988）、《浙江省海域地名录》（1988）、《中国海域地名志》（1989）、《浙江海岛志》（1998）均记为乌龟屿，又名渡浦屿。《全国海岛名称与代码》（2008）和 2010 年浙江省人民政府公布的第一批无居民海岛名称均记为乌龟屿。因岛形似乌龟得名。岸线长 583 米，面积 0.012 7 平方千米，最高点高程 32.1 米。基岩岛，由上侏罗统高坞组熔结凝灰岩构成。

佛珠礁 (Fózhū Jiāo)

北纬 28°18.0′，东经 121°39.5′。位于台州市温岭市东部海域，距大陆最近点 1.54 千米。《浙江海岛志》（1998）记为 2405 号无名岛。《全国海岛名称与代码》（2008）记为无名岛 WLS29。2010 年浙江省人民政府公布的第一批无居民海岛名称为佛珠礁。因岛形状如一串佛珠，故名。岸线长 131 米，面积 355 平方米，最高点高程 6 米。基岩岛，由上侏罗统西山头组熔结凝灰岩构成。无植被。

木鱼礁 (Mùyú Jiāo)

北纬 28°18.0′，东经 121°39.5′。位于台州市温岭市东部海域，距大陆最近点 1.51 千米。《浙江海岛志》（1998）记为 2403 号无名岛。《全国海岛名称与代码》（2008）记为无名岛 WLS30。2010 年浙江省人民政府公布的第一批无居民海岛名称为木鱼礁。因岛形状如木鱼，故名。岸线长 95 米，面积 384 平方米，最高点高程 5 米。基岩岛，由上侏罗统西山头组熔结凝灰岩构成。无植被。

望洋礁 (Wàngyáng Jiāo)

北纬 28°18.0′，东经 121°39.0′。位于台州市温岭市东部海域，隔海山岛东约 20 米，距大陆最近点 850 米。《浙江省海域地名录》（1988）、《温岭县地名志》（1988）、《中国海域地名志》（1989）、《浙江海岛志》（1998）、《全国海岛名称与代码》（2008）和 2010 年浙江省人民政府公布的第一批无居民海岛名称均记为望洋礁。以地处隔海山岛望洋面嘴附近得名。岸线长 217 米，面积 1 091 平方米，最高点高程 5 米。基岩岛，由上侏罗统高坞组熔结凝灰岩构成。长有零星茅草，栖海鸟等。

隔海山岛 (Géhǎishān Dǎo)

北纬 28°18.0′，东经 121°38.8′。位于台州市温岭市石塘镇东侧海域，距温岭市城区约 27 千米，距大陆最近点 260 米。又名隔海山。清光绪年间《太平续志·隔海山》记载"在石塘山雉鸡沙（即寺基沙）东，山形坳曲，与雉鸡沙犬吠相闻，隔于海而不能陆达，故名"。《中国海洋岛屿简况》（1980）和《浙江海岛志》（1998）记为隔海山。《浙江省海域地名录》（1988）、《温岭县地名志》（1988）、《中国海域地名志》（1989）、《全国海岛名称与代码》（2008）均记为隔海山岛。

岸线长 5.7 千米，面积 0.417 7 平方千米，最高点高程 68.3 米。基岩岛，由上侏罗统西山头组熔结凝灰岩构成，仅西北部出露燕山晚期钾长花岗岩，表土厚实。有居民海岛，隶属温岭市。岛上设隔海行政村，2009 年 12 月户籍人口

1 750 人，常住人口 1 544 人。经济以渔业为主，垦有耕地，可植麦、豆、薯等作物。岛上建有冷库、制冰厂、机械厂、综合性商店、油库等。建有小型水库 2 座，码头 5 座，有渡船往返于大陆之间。电力经跨海电缆由大陆接至。

隔海山东岛 (Géhǎishān Dōngdǎo)

北纬 28°18.0′，东经 121°39.0′。位于台州市温岭市东部海域，隔海山岛东约 10 米，距大陆最近点 780 米。因地处隔海山岛东侧海域，第二次全国海域地名普查时命今名。岸线长 56 米，面积 142 平方米。基岩岛。无植被。

隔海山南岛 (Géhǎishān Nándǎo)

北纬 28°17.7′，东经 121°38.6′。位于台州市温岭市东部海域，隔海山岛南约 10 米，距大陆最近点 590 米。因地处隔海山岛南侧海域，第二次全国海域地名普查时命今名。岸线长 32 米，面积 63 平方米。基岩岛。无植被。

腊头山一岛 (Làtóushān Yīdǎo)

北纬 28°17.6′，东经 121°39.6′。位于台州市温岭市东部海域，距大陆最近点 1.98 千米。第二次全国海域地名普查时命今名。岸线长 15 米，面积 18 平方米。基岩岛。无植被。

腊头山二岛 (Làtóushān Èrdǎo)

北纬 28°17.8′，东经 121°39.5′。位于台州市温岭市东部海域，距大陆最近点 1.72 千米。第二次全国海域地名普查时命今名。岸线长 29 米，面积 54 平方米。基岩岛。无植被。

腊头山三岛 (Làtóushān Sāndǎo)

北纬 28°17.9′，东经 121°39.5′。位于台州市温岭市东部海域，距大陆最近点 1.72 千米。第二次全国海域地名普查时命今名。岸线长 21 米，面积 26 平方米。基岩岛。无植被。

腊头山四岛 (Làtóushān Sìdǎo)

北纬 28°17.9′，东经 121°39.6′。位于台州市温岭市东部海域，距大陆最近点 1.81 千米。第二次全国海域地名普查时命今名。岸线长 33 米，面积 40 平方米。基岩岛。无植被。

腊头山五岛 (Làtóushān Wǔdǎo)

北纬 28°17.9′，东经 121°39.6′。位于台州市温岭市东部海域，距大陆最近点 1.84 千米。第二次全国海域地名普查时命今名。岸线长 14 米，面积 12 平方米。基岩岛。无植被。

西瓜南岛 (Xīguā Nándǎo)

北纬 28°17.7′，东经 121°38.8′。位于台州市温岭市东部海域，隔海山岛南约 40 米，距大陆最近点 780 米。第二次全国海域地名普查时命今名。岸线长 117 米，面积 395 平方米。基岩岛。无植被。

石塘高礁 (Shítáng Gāojiāo)

北纬 28°17.9′，东经 121°39.3′。位于台州市温岭市东部海域，距大陆最近点 1.34 千米。曾名高礁。《浙江省海域地名录》（1988）和《温岭县地名志》（1988）均记为高礁。因该岛较附近礁石稍高，得名高礁。因与宁波市象山县高礁重名，第二次全国海域地名普查时更为今名。岸线长 68 米，面积 140 平方米，最高点高程 4.8 米。基岩岛。无植被。

南坑礁 (Nánkēng Jiāo)

北纬 28°17.5′，东经 121°39.2′。位于台州市温岭市东部海域，距大陆最近点 1.33 千米。《浙江省海域地名录》（1988）和《温岭县地名志》（1988）记为南坑礁。岸线长 56 米，面积 182 平方米，最高点高程 4 米。基岩岛。无植被。

牛脚蹄礁 (Niújiǎotí Jiāo)

北纬 28°17.5′，东经 121°40.7′。位于台州市温岭市东部海域，距大陆最近点 3.69 千米。曾名平礁头。《浙江省海域地名录》（1988）、《温岭县地名志》（1988）、《浙江海岛志》（1998）均记为牛脚蹄礁，曾名平礁头。《中国海域地名志》（1989）和 2010 年浙江省人民政府公布的第一批无居民海岛名称记为牛脚蹄礁。岸线长 248 米，面积 3 888 平方米，最高点高程 15.5 米。基岩岛，由上侏罗统西山头组熔结凝灰岩构成。长有草丛，栖海鸟等。

牛脚岛 (Niújiǎo Dǎo)

北纬 28°17.5′，东经 121°40.7′。位于台州市温岭市东部海域，东邻牛脚蹄礁，距大陆最近点 3.62 千米。因邻近牛脚蹄礁，借用"牛脚"名，第二次全国海域地名普查时命今名。岸线长 182 米，面积 2 059 平方米。基岩岛。无植被。

牛山西岛 (Niúshān Xīdǎo)

北纬 28°17.3′，东经 121°40.4′。位于台州市温岭市东部海域，距大陆最近点 3.22 千米。第二次全国海域地名普查时命今名。岸线长 9 米，面积 7 平方米。基岩岛。无植被。

深竹屿 (Shēnzhú Yǔ)

北纬 28°17.3′，东经 121°34.2′。位于台州市温岭市东南部海域，距大陆最近点 820 米。曾名星竹，又名瓜篓山、星竹山。《中国海洋岛屿简况》（1980）记为星竹。《浙江省海域地名录》（1988）和《中国海域地名志》（1989）记为深竹屿，别名瓜篓山，曾名星竹。《温岭县地名志》（1988）称深竹屿，别称瓜篓山。《浙江海岛志》（1998）称深竹屿，又名瓜篓山、星竹山。《全国海岛名称与代码》（2008）和 2010 年浙江省人民政府公布的第一批无居民海岛名称记为深竹屿。据传旧时岛周水深，一杆长竹竿不能到底，深度莫测，故名。岸线长 428 米，面积 0.010 3 平方千米，最高点高程 21.9 米。呈西南—东北走向，西南部宽，东北部尖。基岩岛，由上侏罗统西山头组熔结凝灰岩构成。东北部有薄土覆盖。长有稀疏松树、白茅、芒箕等，栖蛇、海鸟等。建有渔民临时居所，周围海涂平潮水深小于 1 米，养殖紫菜、毛蚶等。

老公头屿 (Lǎogōngtóu Yǔ)

北纬 28°17.1′，东经 121°38.4′。位于台州市温岭市东部海域，隔海山岛南约 1.15 千米，距大陆最近点 30 米。《浙江省海域地名录》（1988）、《温岭县地名志》（1988）、《中国海域地名志》（1989）、《浙江海岛志》（1998）、《全国海岛名称与代码》（2008）、2010 年浙江省人民政府公布的第一批无居民海岛名称均记为老公头屿。位于老公头山东麓海面，故名。岸线长 330 米，面积 6 058 平方米，最高点高程 28.6 米。基岩岛，由上侏罗统西山头组熔结凝灰岩构成。长有灌木、草丛，栖海鸟等。建有航标灯塔 1 座。

老公帽岛 (Lǎogōngmào Dǎo)

北纬 28°17.1′，东经 121°38.4′。位于台州市温岭市东部海域，老公头屿东约 5 米，距大陆最近点 110 米。因邻近老公头屿，状似帽子，第二次全国海域地名普查时命今名。岸线长 49 米，面积 189 平方米。基岩岛。无植被。

钓浜龙珠礁 (Diàobāng Lóngzhū Jiāo)

北纬 28°17.9′，东经 121°39.6′。位于台州市温岭市东部海域，距大陆最近点 1.74 千米。《浙江海岛志》（1998）记为 2407 号无名岛。《全国海岛名称与代码》（2008）记为无名岛 WLS31。2010 年浙江省人民政府公布的第一批无居民海岛名称为钓浜龙珠礁。因其位于原钓浜乡，且岛形状如龙珠，故名。岸线长 140 米，面积 615 平方米，最高点高程 10 米。基岩岛，由上侏罗统西山头组熔结凝灰岩构成。无植被。

小长嘴岛 (Xiǎochángzuǐ Dǎo)

北纬 28°17.0′，东经 121°40.4′。位于台州市温岭市东部海域，距大陆最近点 3.26 千米。第二次全国海域地名普查时命今名。岸线长 42 米，面积 86 平方米。基岩岛。无植被。

尖浜头嘴小岛 (Jiānbāngtóuzuǐ Xiǎodǎo)

北纬 28°16.9′，东经 121°40.5′。位于台州市温岭市东部海域，距大陆最近点 3.44 千米。第二次全国海域地名普查时命今名。岸线长 28 米，面积 60 平方米。基岩岛。无植被。

三礁头礁 (Sānjiāotóu Jiāo)

北纬 28°16.7′，东经 121°41.8′。位于台州市温岭市东部海域，北斗屿东约 260 米，距大陆最近点 5.69 千米。又名三礁头。《中国海洋岛屿简况》（1980）记为三礁头。《浙江省海域地名录》（1988）、《温岭县地名志》（1988）、《中国海域地名志》（1989）、《浙江海岛志》（1998）、《全国海岛名称与代码》（2008）和 2010 年浙江省人民政府公布的第一批无居民海岛名称均记为三礁头礁。该岛以三个石峰三角布列得名。岸线长 263 米，面积 2 752 平方米，最高点高程 21.4 米。基岩岛，由上侏罗统西山头组熔结凝灰岩构成。无植被。

大扁南里岛 （Dàbiǎn Nánlǐ Dǎo）

北纬 28°16.7′，东经 121°32.9′。位于台州市温岭市东南部海域，距大陆最近点 2.25 千米。第二次全国海域地名普查时命今名。岸线长 167 米，面积 899 平方米。基岩岛。长有灌木、草丛。

美鱼礁 （Měiyú Jiāo）

北纬 28°16.7′，东经 121°37.4′。位于台州市温岭市东部海域，距大陆最近点 10 米。《浙江海岛志》（1998）、《全国海岛名称与代码》（2008）和 2010 年浙江省人民政府公布的第一批无居民海岛名称均记为美鱼礁。因岛形状如鱼，又喻其美，故名。岸线长 166 米，面积 1 347 平方米，最高点高程 16 米。基岩岛，由上侏罗统西山头组熔结凝灰岩构成。长有草丛。

美鱼西岛 （Měiyú Xīdǎo）

北纬 28°16.7′，东经 121°37.3′。位于台州市温岭市东部海域，美鱼礁西南约 60 米，距北港山约 70 米，距大陆最近点 10 米。因其位于美鱼礁西侧，第二次全国海域地名普查时命今名。岸线长 39 米，面积 107 平方米。基岩岛，由上侏罗统西山头组熔结凝灰岩构成。无植被。

上龙珠礁 （Shànglóngzhū Jiāo）

北纬 28°16.7′，东经 121°41.9′。位于台州市温岭市东部海域，北斗屿东北约 340 米，距大陆最近点 5.81 千米。《浙江海岛志》（1998）记为 2427 号无名岛。《全国海岛名称与代码》（2008）记为无名岛 WLS35。2010 年浙江省人民政府公布的第一批无居民海岛名称为上龙珠礁。因岛形状如龙珠，较下龙珠礁位置相对偏北（上），故名。岸线长 237 米，面积 2 799 平方米，最高点高程 11.1 米。基岩岛，由晚侏罗世潜流纹斑岩构成。长有草丛。

下龙珠礁 （Xiàlóngzhū Jiāo）

北纬 28°16.6′，东经 121°41.9′。位于台州市温岭市东部海域，北斗屿东约 340 米，距大陆最近点 5.84 千米。《浙江海岛志》（1998）记为 2428 号无名岛。《全国海岛名称与代码》（2008）记为无名岛 WLS36。2010 年浙江省人民政府公布的第一批无居民海岛名称为下龙珠礁。因岛形状如龙珠，较上龙珠礁位置相对偏南（下），故名。岸线长 243 米，面积 3 672 平方米，最高点高程 8 米。基岩岛，由晚侏罗世潜流纹斑岩构成。无植被。

上担岛 (Shàngdàn Dǎo)

北纬 28°16.6′，东经 121°25.9′。位于台州市温岭市东部海域，隘顽湾西部，距大陆最近点 320 米。第二次全国海域地名普查时命今名。岸线长 312 米，面积 5 167 平方米，最高点高程 21 米。基岩岛，由上侏罗统高坞组熔结凝灰岩构成。

北斗屿 (Běidǒu Yǔ)

北纬 28°16.6′，东经 121°41.6′。位于台州市温岭市东部海域，距大陆最近点 5.42 千米。《中国海洋岛屿简况》（1980）、《浙江省海域地名录》（1988）、《温岭县地名志》（1988）、《中国海域地名志》（1989）、《浙江海岛志》（1998）、《全国海岛名称与代码》（2008）和 2010 年浙江省人民政府公布的第一批无居民海岛名称均记为北斗屿。因地处外钓浜岛之北，形若斗（民间量具），故名。岸线长 543 米，面积 0.016 9 平方千米，最高点高程 49 米。基岩岛，由晚侏罗世潜流纹斑岩构成。长有灌木、草丛，栖蛇、海鸟等。

黑礁 (Hēi Jiāo)

北纬 28°16.5′，东经 121°41.6′。位于台州市温岭市东部海域，北斗屿南约 10 米，距大陆最近点 5.47 千米。《浙江海岛志》（1998）记为 2431 号无名岛。《全国海岛名称与代码》（2008）记为无名岛 WLS37。2010 年浙江省人民政府公布的第一批无居民海岛名称为黑礁。因岛顶岩石呈黑色，故名。岸线长 209 米，面积 2 718 平方米，最高点高程 5 米。基岩岛，由晚侏罗世潜流纹斑岩构成。长有草丛。

内钓浜岛 (Nèidiàobāng Dǎo)

北纬 28°16.5′，东经 121°41.0′。位于台州市温岭市东部海域，距大陆最近点 4.28 千米。曾名内吊帮山，别名黄岩前。《中国海洋岛屿简况》（1980）记为内吊帮山。《浙江省海域地名录》（1988）记为内钓浜岛，别名黄岩前，曾名内吊帮山。《中国海域地名志》（1989）和《浙江海岛志》（1998）记为内钓浜岛，别名黄岩前。《温岭县地名志》（1988）、《全国海岛名称与代码》（2008）

和 2010 年浙江省人民政府公布的第一批无居民海岛名称均记为内钓浜岛。清光绪年间《太平续志》载"卓立三峰，峰间空洞，船可出入，谓之钓绷门"，名由此得。此岛地处外钓浜岛以西（大陆在西），向陆侧称内，故名。岸线长 2.01 千米，面积 0.154 8 平方千米，最高点高程 77.6 米。基岩岛，由上侏罗统西山头组熔结凝灰岩构成。周围海域产龙头鱼、墨鱼、虾、蟹、鲈鱼等。

公鸡礁 (Gōngjī Jiāo)

北纬 28°16.5′，东经 121°41.7′。位于台州市温岭市东部海域，距大陆最近点 5.54 千米。《浙江海岛志》（1998）记为 2433 号无名岛。《全国海岛名称与代码》（2008）记为无名岛 WLS38。2010 年浙江省人民政府公布的第一批无居民海岛名称为公鸡礁。因岛形状如公鸡，故名。岸线长 116 米，面积 762 平方米，最高点高程 5 米。基岩岛，由晚侏罗世潜流纹斑岩构成。无植被。

鸟窝东岛 (Niǎowō Dōngdǎo)

北纬 28°16.5′，东经 121°40.8′。位于台州市温岭市东部海域，内钓浜岛西约 15 米，距大陆最近点 4.28 千米。因地处鸟窝礁东侧海域，第二次全国海域地名普查时命今名。岸线长 14 米，面积 15 平方米。基岩岛。无植被。

鸟窝礁 (Niǎowō Jiāo)

北纬 28°16.4′，东经 121°40.7′。位于台州市温岭市东部海域，内钓浜岛西约 260 米，距大陆最近点 3.99 千米。曾名吊酒礁。《浙江省海域地名录》（1988）、《温岭县地名志》（1988）、《浙江海岛志》（1998）均记为鸟窝礁，曾名吊酒礁。《中国海域地名志》（1989）、《全国海岛名称与代码》（2008）和 2010 年浙江省人民政府公布的第一批无居民海岛名称均记为鸟窝礁。因岛周围有许多零星小礁环拱，其处中心，面平圆，远观似鸟窝，故名。岸线长 156 米，面积 973 平方米，最高点高程 5.9 米。基岩岛，由上侏罗统西山头组熔结凝灰岩构成。无植被。

小渔山西岛 (Xiǎoyúshān Xīdǎo)

北纬 28°16.4′，东经 121°41.6′。位于台州市温岭市东部海域，距大陆最近点 5.52 千米。第二次全国海域地名普查时命今名。岸线长 99 米，面积 533 平方米。基岩岛。无植被。

石板门礁 (Shíbǎnmén Jiāo)

北纬 28°16.3′，东经 121°41.1′。位于台州市温岭市东部海域，内钓浜岛南约 25 米，距大陆最近点 4.77 千米。《浙江海岛志》（1998）记为 2436 号无名岛。《全国海岛名称与代码》（2008）记为无名岛 WLS39。2010 年浙江省人民政府公布的第一批无居民海岛名称为石板门礁。因岛形状如石制门板，故名。岸线长 114 米，面积 519 平方米，最高点高程 8 米。基岩岛，由上侏罗统西山头组熔结凝灰岩构成。无植被。

龙功礁 (Lónggōng Jiāo)

北纬 28°16.3′，东经 121°41.7′。位于台州市温岭市东部海域，外钓浜岛北约 110 米，距大陆最近点 5.63 千米。《浙江海岛志》（1998）中记为 2437 号无名岛。《全国海岛名称与代码》（2008）记为无名岛 WLS40。2010 年浙江省人民政府公布的第一批无居民海岛名称为龙功礁。岸线长 132 米，面积 1 026 平方米，最高点高程 10 米。基岩岛，由晚侏罗世潜流纹斑岩构成。无植被。

门东礁 (Méndōng Jiāo)

北纬 28°16.3′，东经 121°41.7′。位于台州市温岭市东部海域，外钓浜岛北约 45 米，距大陆最近点 5.64 千米。又名门东岛。《浙江海岛志》（1998）记为门东岛。《全国海岛名称与代码》（2008）记为无名岛 WLS41。2010 年浙江省人民政府公布的第一批无居民海岛名称为门东礁。岸线长 192 米，面积 2 419 平方米，最高点高程 10 米。基岩岛，由晚侏罗世潜流纹斑岩构成。无植被。

墨鱼浸礁 (Mòyújìn Jiāo)

北纬 28°16.3′，东经 121°41.2′。位于台州市温岭市东部海域，内钓浜岛与外钓浜岛之间，距东南侧外钓浜岛约 190 米，距大陆最近点 4.97 千米。曾名磨金礁。《中国海洋岛屿简况》（1980）记为磨金礁。《浙江省海域地名录》（1988）、《温岭县地名志》（1988）、《中国海域地名志》（1989）均记为墨鱼浸礁，曾名磨金礁。《浙江海岛志》（1998）、《全国海岛名称与代码》（2008）和 2010 年浙江省人民政府公布的第一批无居民海岛名称均记为墨鱼浸礁。因岛形若墨鱼（乌贼）浸卧水中得名。岸线长 219 米，面积 3 109 平方米，最高点高程 21.9 米。

基岩岛，由晚侏罗世潜流纹斑岩构成。长有灌木、草丛，栖海鸟等。周围海域
产龙头鱼、蟹、虾等。

蟹屿 (Xiè Yǔ)

北纬 28°16.2′，东经 121°41.3′。位于台州市温岭市东部海域，外钓浜岛西
约 50 米，距大陆最近点 5.04 千米。曾名虾屿。《中国海洋岛屿简况》（1980）
记为虾屿。《浙江省海域地名录》（1988）、《温岭县地名志》（1988）、《中国
海域地名志》（1989）、《浙江海岛志》（1998）均记为蟹屿，曾名虾屿。《全
国海岛名称与代码》（2008）和 2010 年浙江省人民政府公布的第一批无居民海
岛名称记为蟹屿。以岛形若青蟹横卧得名。岸线长 308 米，面积 5 162 平方米，
最高点高程 18.2 米。基岩岛，由晚侏罗世潜流纹斑岩构成。长有草丛，栖海鸟等。

花狸礁 (Huālí Jiāo)

北纬 28°16.2′，东经 121°41.3′。位于台州市温岭市东部海域，外钓浜岛西
约 15 米，距大陆最近点 5.18 千米。《浙江海岛志》（1998）记为 2444 号无名岛。
《全国海岛名称与代码》（2008）记为无名岛 WLS42。2010 年浙江省人民政府
公布的第一批无居民海岛名称为花狸礁。因岛形状如花狸猫，故名。岸线长 75 米，
面积 381 平方米，最高点高程 7 米。基岩岛，由晚侏罗世潜流纹斑岩构成。无植被。

外钓浜岛 (Wàidiàobāng Dǎo)

北纬 28°16.2′，东经 121°41.5′。位于台州市温岭市东部海域，内钓浜岛东
南约 430 米，距大陆最近点 5.2 千米。曾名外吊帮山，又名外山。《中国海洋
岛屿简况》（1980）记为外吊帮山。《浙江省海域地名录》（1988）记为外钓浜岛，
别名外山，曾名外吊帮山。《温岭县地名志》（1988）、《中国海域地名志》（1989）、
《浙江海岛志》（1998）均记为外钓浜岛，又名外山。《全国海岛名称与代码》
（2008）和 2010 年浙江省人民政府公布的第一批无居民海岛名称记为外钓浜岛。
清光绪年间《太平续志》载"卓立三峰，峰间空洞，船可出入，谓之钓绷门"，
名由此得，因其西侧有内钓浜岛，相对而得名。岸线长 2.83 千米，面积 0.220 2
平方千米，最高点高程 55 米。基岩岛，由晚侏罗世潜流纹斑岩构成。长有茅草、
松树等，栖蛇、鼠、海鸟等。岛顶建有小庙 1 座。附近海域水深 6～12 米，渔

民常在此捕鱼作业。

触头礁 (Chùtóu Jiāo)

北纬 28°16.1′，东经 121°44.0′。位于台州市温岭市东部海域，距大陆最近点 9.4 千米。《浙江海岛志》（1998）记为 2447 号无名岛。《全国海岛名称与代码》（2008）记为无名岛 WLS43。2010 年浙江省人民政府公布的第一批无居民海岛名称为触头礁。岸线长 163 米，面积 1 924 平方米，最高点高程 7.2 米。基岩岛，由上侏罗统西山头组熔结凝灰岩构成。长有草丛。

长背礁 (Chángbèi Jiāo)

北纬 28°16.1′，东经 121°32.3′。位于台州市温岭市东南部海域，距大陆最近点 3.2 千米。曾名稻草碇、稻草礁，又名丈八礁。《中国海洋岛屿简况》（1980）记为稻草碇。《浙江省海域地名录》（1988）和《温岭县地名志》（1988）记为长背礁，别名丈八礁，曾名稻草碇。《中国海域地名志》（1989）记为长背礁，别名丈八礁。《浙江海岛志》（1998）记为长背礁，曾名丈八礁、稻草礁。《全国海岛名称与代码》（2008）和 2010 年浙江省人民政府公布的第一批无居民海岛名称记为长背礁。因其形狭长，中部微隆，似人之背部，故名。岛体呈弧形，东北—西南走向，岸线长 346 米，面积 4 095 平方米，最高点高程 12.1 米。基岩岛，由上侏罗统西山头组熔结凝灰岩构成。无植被。

石塘黄礁头礁 (Shítáng Huángjiāotóu Jiāo)

北纬 28°15.7′，东经 121°37.3′。位于台州市温岭市东南部海域，距大陆最近点 160 米。《浙江海岛志》（1998）记为 2451 号无名岛。《全国海岛名称与代码》（2008）记为无名岛 WLS45。2010 年浙江省人民政府公布的第一批无居民海岛名称为石塘黄礁头礁。因岛上岩石呈黄色，且位于石塘镇，故名。岸线长 67 米，面积 275 平方米，最高点高程 7 米。基岩岛。无植被。

小石礁 (Xiǎoshí Jiāo)

北纬 28°15.7′，东经 121°37.2′。位于台州市温岭市东南部海域，距大陆最近点 140 米。《浙江海岛志》（1998）记为 2452 号无名岛。《全国海岛名称与代码》（2008）记为无名岛 WLS47。2010 年浙江省人民政府公布的第一批无居民海岛名称为小石礁。因喻其小，故名。岸线长 95 米，面积 620 平方米，最高点高程 8 米。基岩岛，由上侏罗统西山头组熔结凝灰岩构成。无植被。

琵琶礁（Pípa Jiāo）

北纬 28°15.7′，东经 121°37.2′。位于台州市温岭市东南部海域，距离北港山约 70 米，距大陆最近点 20 米。《浙江海岛志》（1998）记为 2453 号无名岛。《全国海岛名称与代码》（2008）记为无名岛 WLS49。2010 年浙江省人民政府公布的第一批无居民海岛名称为琵琶礁。因岛形状如琵琶，故名。岸线长 166 米，面积 1 125 平方米，最高点高程 4.8 米。基岩岛，由上侏罗统西山头组熔结凝灰岩构成。无植被。

东瓜石礁（Dōngguāshí Jiāo）

北纬 28°15.7′，东经 121°37.2′。位于台州市温岭市东南部海域，距大陆最近点 60 米。《浙江海岛志》（1998）记为 2454 号无名岛。《全国海岛名称与代码》（2008）记为无名岛 WLS48。2010 年浙江省人民政府公布的第一批无居民海岛名称为东瓜石礁。因岛形狭长，状若冬瓜，谐音东瓜，故名。岸线长 184 米，面积 1 622 平方米，最高点高程 5.3 米。基岩岛，由上侏罗统西山头组熔结凝灰岩构成。无植被。

扁礁（Biǎn Jiāo）

北纬 28°15.4′，东经 121°37.0′。位于台州市温岭市东部海域，距大陆最近点 120 米。《浙江海岛志》（1998）记为 2456 号无名岛。《全国海岛名称与代码》（2008）记为无名岛 WLS46。2010 年浙江省人民政府公布的第一批无居民海岛名称为扁礁。因岛形扁平，故名。岸线长 83 米，面积 376 平方米，最高点高程 8.6 米。基岩岛，由上侏罗统西山头组熔结凝灰岩构成。无植被。

虹屿小头礁（Hóngyǔ Xiǎotóu Jiāo）

北纬 28°15.3′，东经 121°38.6′。位于台州市温岭市东部海域，乌屿东北约 150 米，距大陆最近点 2.02 千米。又名虹屿小头岛。《浙江海岛志》（1998）记为虹屿小头岛。《全国海岛名称与代码》（2008）记为无名岛 WLS50。2010 年浙江省人民政府公布的第一批无居民海岛名称为虹屿小头礁。因其位于乌屿旁,较小若头,又因乌屿曾名虹屿,故名。岸线长 263 米,面积 3 927 平方米,最高点高程 9.2 米。基岩岛,由上侏罗统西山头组熔结凝灰岩构成。无植被。

剑尾礁 (Jiànwěi Jiāo)

北纬 28°15.3′,东经 121°38.6′。位于台州市温岭市东部海域,乌屿东北约 105 米,距大陆最近点 2.04 千米。《浙江海岛志》(1998)记为 2461 号无名岛。《全国海岛名称与代码》(2008)记为无名岛 WLS51。2010 年浙江省人民政府公布的第一批无居民海岛名称为剑尾礁。岸线长 201 米,面积 2 763 平方米,最高点高程 8.4 米。基岩岛,由上侏罗统西山头组熔结凝灰岩构成。无植被。

关节礁 (Guānjié Jiāo)

北纬 28°15.3′,东经 121°38.6′。位于台州市温岭市东部海域,乌屿东南约 55 米,距大陆最近点 2 千米。《浙江海岛志》(1998)记为 2462 号无名岛。《全国海岛名称与代码》(2008)记为无名岛 WLS52。2010 年浙江省人民政府公布的第一批无居民海岛名称为关节礁。岸线长 220 米,面积 2 976 平方米,最高点高程 19.2 米。基岩岛,由上侏罗统西山头组熔结凝灰岩构成。无植被。

石塘门头礁 (Shítáng Méntóu Jiāo)

北纬 28°15.3′,东经 121°38.5′。位于台州市温岭市东部海域,乌屿东北约 15 米,距大陆最近点 1.99 千米。《浙江海岛志》(1998)记为 2463 号无名岛。《全国海岛名称与代码》(2008)记为无名岛 WLS53。2010 年浙江省人民政府公布的第一批无居民海岛名称为石塘门头礁。岸线长 233 米,面积 2 594 平方米,最高点高程 8.2 米。基岩岛,由上侏罗统西山头组熔结凝灰岩构成。无植被。

狗屙西岛 (Gǒu'ē Xīdǎo)

北纬 28°15.3′,东经 121°34.1′。位于台州市温岭市东南部海域,距大陆最近点 1.45 千米。因位于狗屙礁西侧,第二次全国海域地名普查时命今名。岸线长 85 米,面积 516 平方米。基岩岛。无植被。

狗屙礁 (Gǒu'ē Jiāo)

北纬 28°15.3′,东经 121°34.1′。位于台州市温岭市东南部海域,距大陆最近点 1.39 千米。《浙江省海域地名录》(1988)、《温岭县地名志》(1988)、《浙江海岛志》（1998）、《全国海岛名称与代码》（2008）和 2010 年浙江省人民政府公布的第一批无居民海岛名称均记为狗屎礁。因岛形状若狗屎，方言称"狗屎"，故名。岸线长 108 米，面积 682 平方米，最高点高程 5.2 米。基岩岛，由上侏罗统西山头组熔结凝灰岩构成。无植被。建有航标灯塔 1 座。

乌屿 (Wū Yǔ)

北纬 28°15.2′，东经 121°38.4′。位于台州市温岭市东部海域，三蒜岛北约 1.9 千米，距大陆最近点 1.77 千米。又名小鸟屿、鲎屿、蛾屿、虹屿、小壶屿。《中国海洋岛屿简况》（1980）记为小鸟屿。《浙江省海域地名录》（1988）记为乌屿，别名鲎屿，曾名蛾屿、虹屿。《温岭县地名志》（1988）、《中国海域地名志》（1989）、《浙江海岛志》（1998）均记为乌屿，别名鲎屿，又名小壶屿、蛾屿、虹屿。《全国海岛名称与代码》（2008）和 2010 年浙江省人民政府公布的第一批无居民海岛名称均记为乌屿。因岛上岩石呈乌黑色，故名。岸线长 1.12 千米，面积 0.046 5 平方千米，最高点高程 49.8 米。基岩岛，由上侏罗统西山头组熔结凝灰岩构成。建有航标灯塔 1 座。

拜天礁 (Bàitiān Jiāo)

北纬 28°15.2′，东经 121°38.6′。位于台州市温岭市东部海域，乌屿东南约 5 米，距大陆最近点 2.07 千米。《浙江海岛志》（1998）记为 2467 号无名岛。《全国海岛名称与代码》（2008）记为无名岛 WLS54。2010 年浙江省人民政府公布的第一批无居民海岛名称为拜天礁。岸线长 486 米，面积 9 798 平方米，最高点高程 15 米。基岩岛，由上侏罗统西山头组熔结凝灰岩构成。无植被。

大猪头礁 (Dàzhūtóu Jiāo)

北纬 28°15.2′，东经 121°42.1′。位于台州市温岭市东部海域，距大陆最近点 7.1 千米。别名猪头礁。《浙江省海域地名录》（1988）和《中国海域地名志》（1989）记为大猪头礁，别名猪头礁。《浙江海岛志》（1998）记为 2468 号无名岛。《全国海岛名称与代码》（2008）记为无名岛 WLS55。《温岭县地名志》（1988）和 2010 年浙江省人民政府公布的第一批无居民海岛名称均记为大猪头礁。因岛形状似猪头，故名。岸线长 191 米，面积 2 618 平方米，最高点高程 14 米。基岩岛，由晚侏罗世潜流纹斑岩构成。无植被。

大七南岛 (Dàqī Nándǎo)

北纬 28°15.1′，东经 121°42.2′。位于台州市温岭市东部海域，距大陆最近点 7.43 千米。第二次全国海域地名普查时命今名。岸线长 15 米，面积 16 平方米。基岩岛。无植被。

大七北岛 (Dàqī Běidǎo)

北纬 28°15.2′，东经 121°42.3′。位于台州市温岭市东部海域，距大陆最近点 7.4 千米。第二次全国海域地名普查时命今名。岸线长 16 米，面积 17 平方米。基岩岛。无植被。

梅花屿 (Méihuā Yǔ)

北纬 28°15.1′，东经 121°36.3′。位于台州市温岭市东南部海域，蚊虫浜屿西约 280 米，距大陆最近点 200 米。《中国海洋岛屿简况》（1980）、《浙江省海域地名录》（1988）、《温岭县地名志》（1988）、《中国海域地名志》（1989）、《浙江海岛志》（1998）、《全国海岛名称与代码》（2008）均记为梅花屿。以岛形似梅花得名。岸线长 513 米，面积 9 043 平方米，最高点高程 16.5 米。基岩岛，由上侏罗统西山头组熔结凝灰岩构成。长有灌木、草丛，栖海鸟。2009 年 12 月，岛上有常住人口 3 人。建有中国石油化工股份有限公司供应站、码头等。

大星门礁 (Dàxīngmén Jiāo)

北纬 28°15.0′，东经 121°33.7′。位于台州市温岭市东南部海域，距大陆最近点 2.05 千米。《浙江省海域地名录》（1988）和《温岭县地名志》（1988）记为大星门礁。岸线长 110 米，面积 847 平方米，最高点高程 7.2 米。基岩岛。无植被。

蚊虫浜屿 (Wénchóngbāng Yǔ)

北纬 28°15.0′，东经 121°36.5′。位于台州市温岭市东南部海域，三蒜岛西北约 2.8 千米，距大陆最近点 190 米。曾名蚊虫棚。《中国海洋岛屿简况》（1980）记为蚊虫棚。《浙江省海域地名录》（1988）记为蚊虫浜屿，曾名蚊虫棚。《温岭县地名志》（1988）、《中国海域地名志》（1989）、《浙江海岛志》（1998）、《全国海岛名称与代码》（2008）均记为蚊虫浜屿。因其东有一临水断礁，俗称浜，夏季蚊虫成群，故名。岸线长 1.09 千米，面积 0.053 4 平方千米，最高点高程 40.5 米。基岩岛，由上侏罗统西山头组熔结凝灰岩构成。长有茅草和松树，栖蛇、鼠、海鸟等。石塘避风港堤坝经该岛与半边屿相连。

蚊虫浜东岛 (Wénchóngbāng Dōngdǎo)

北纬 28°15.0′，东经 121°36.6′。位于台州市温岭市东南部海域，蚊虫浜屿东南约 5 米，距大陆最近点 450 米。因位于蚊虫浜屿东侧，第二次全国海域地名普查时命今名。岸线长 40 米，面积 126 平方米。基岩岛。无植被。

棺材屿 (Guāncai Yǔ)

北纬 28°14.8′，东经 121°35.5′。位于台州市温岭市东南部海域，距东北侧蚊虫浜屿约 1.4 千米，距大陆最近点 200 米。《中国海洋岛屿简况》（1980）、《浙江省海域地名录》（1988）、《温岭县地名志》（1988）、《中国海域地名志》（1989）、《浙江海岛志》（1998）、《全国海岛名称与代码》（2008）均记为棺材屿。因其外形长方如棺，西南部酷像棺材头，故名。岸线长 1.16 千米，面积 0.059 8 平方千米，最高点高程 38.2 米。基岩岛，由上侏罗统西山头组熔结凝灰岩构成。长有草丛。2009 年 12 月有常住人口 30 人。整岛已开发。建有油库 2 座、制冰厂 1 座，西侧沿岸建有码头，可供渔船停靠。电力来源于石塘镇，由架空电线接至。

半边屿 (Bànbiān Yǔ)

北纬 28°14.8′，东经 121°36.2′。位于台州市温岭市东南部海域，蚊虫浜屿西南约 350 米，距大陆最近点 650 米。《浙江省海域地名录》（1988）、《温岭县地名志》（1988）、《中国海域地名志》（1989）、《浙江海岛志》（1998）、《全国海岛名称与代码》（2008）均记为半边屿。因该岛西北部崖陡，似山切开后留下的一半，故名。岸线长 493 米，面积 0.014 6 平方千米，最高点高程 26.5 米。基岩岛，由上侏罗统西山头组熔结凝灰岩构成。长有禾草、松树，栖蛇、鼠、海鸟等。石塘避风港大坝通过该岛，顶部建有凉亭，供游人歇停。

平礁头礁 (Píngjiāotóu Jiāo)

北纬 28°14.8′，东经 121°42.0′。位于台州市温岭市东部海域，距大陆最近点 7.35 千米。《浙江省海域地名录》（1988）、《温岭县地名志》（1988）、《中国海域地名志》（1989）均记为平礁头礁。因其表面较平坦得名。岸线长 217 米，面积 2 453 平方米，最高点高程 5.7 米。基岩岛。无植被。

雨伞北岛 (Yǔsǎn Běidǎo)

北纬 28°14.7′，东经 121°36.0′。位于台州市温岭市东南部海域，距大陆最近点 900 米。因位于雨伞礁北侧，第二次全国海域地名普查时命今名。岸线长 66 米，面积 301 平方米。基岩岛。无植被。

雨伞礁 (Yǔsǎn Jiāo)

北纬 28°14.7′，东经 121°36.0′。位于台州市温岭市东南部海域，距大陆最近点 910 米。《浙江海岛志》（1998）和 2010 年浙江省人民政府公布的第一批无居民海岛名称均记为雨伞礁。因岛形状如撑开的雨伞，故名。岸线长 156 米，面积 1 480 平方米，最高点高程 6 米。基岩岛，由上侏罗统西山头组熔结凝灰岩构成。无植被。

雨伞南岛 (Yǔsǎn Nándǎo)

北纬 28°14.6′，东经 121°36.0′。位于台州市温岭市东南部海域，距大陆最近点 950 米。因位于雨伞礁南侧，第二次全国海域地名普查时命今名。岸线长 62 米，面积 254 平方米。基岩岛。无植被。

戏棚廊柱礁 (Xìpéng Lángzhù Jiāo)

北纬 28°14.2′，东经 121°38.4′。位于台州市温岭市东南部海域，三蒜岛北约 5 米，距大陆最近点 3.29 千米。又名戏棚礁。《浙江省海域地名录》（1988）、《温岭县地名志》（1988）、《中国海域地名志》（1989）均记为戏棚礁。《浙江海岛志》（1998）记为 2489 号无名岛。《全国海岛名称与代码》（2008）记为无名岛 WLS59。2010 年浙江省人民政府公布的第一批无居民海岛名称为戏棚廊柱礁。据传清代时，有一戏班搭船过此，触礁船覆人亡，后为纪念这一戏班而定今名。岸线长 246 米，面积 2 582 平方米，最高点高程 20.7 米。基岩岛，由上侏罗统西山头组熔结凝灰岩构成。无植被。

戏棚礁 (Xìpéng Jiāo)

北纬 28°14.1′，东经 121°38.4′。位于台州市温岭市东南部海域，三蒜岛北约 5 米，距大陆最近点 3.38 千米。《浙江海岛志》（1998）、《全国海岛名称与代码》（2008）和 2010 年浙江省人民政府公布的第一批无居民海岛名称均记为戏棚礁。因岛形状如民间所搭戏棚，故名。岸线长 345 米，面积 5 272 平方米，最高点高程 16.7 米。基岩岛，由上侏罗统西山头组熔结凝灰岩构成。长有灌木、草丛。

内龙眼礁 (Nèilóngyǎn Jiāo)

北纬 28°13.6′，东经 121°32.8′。位于台州市温岭市东南部海域，距大陆最近点 4.38 千米。曾名内龙眼、龙眼礁，别名上童。《中国海洋岛屿简况》（1980）记为内龙眼。《浙江省海域地名录》（1988）记为内龙眼礁，别名上童，曾名内龙眼、龙眼礁。《温岭县地名志》（1988）、《中国海域地名志》（1989）、《浙江海岛志》（1998）均记为内龙眼礁，别名上童。《全国海岛名称与代码》（2008）和 2010 年浙江省人民政府公布的第一批无居民海岛名称记为内龙眼礁。因岛上有突出岩体，宛如龙眼，故名。又因较南之外龙眼礁近大陆，故冠以内字。岸线长 213 米，面积 2 280 平方米，最高点高程 12.2 米。基岩岛，由上侏罗统西山头组熔结凝灰岩构成。无植被。周围海域产虾、蟹、鳗鱼等。

二蒜头岛 (Èrsuàntóu Dǎo)

北纬 28°13.5′，东经 121°38.7′。位于台州市温岭市东南部海域，二蒜岛北约 10 米，距大陆最近点 4.61 千米。因邻近二蒜岛，似其头部，第二次全国海域地名普查时命今名。岸线长 74 米，面积 215 平方米。基岩岛。长有灌木、草丛。

捣桩座礁 (Dǎozhuāngzuò Jiāo)

北纬 28°13.5′，东经 121°38.8′。位于台州市温岭市东南部海域，二蒜岛北约 5 米，距大陆最近点 4.69 千米。又名捣桩座、捣桩座岛。《浙江省海域地名录》（1988）记为捣桩座礁。《温岭县地名志》（1988）记为捣桩座。《浙江海岛志》（1998）记为捣桩座岛。《全国海岛名称与代码》（2008）记为无名岛 WLS60。

2010 年浙江省人民政府公布的第一批无居民海岛名称为捣桩座礁。以岛形似捣桩座得名。岸线长 194 米，面积 851 平方米，最高点高程 9.9 米。基岩岛，由上侏罗统西山头组熔结凝灰岩构成。长有灌木、草丛。

一蒜岛 (Yīsuàn Dǎo)

　　北纬 28°12.9′，东经 121°39.7′。位于台州市温岭市东南部海域，三蒜岛东南约 2.3 千米，距大陆最近点 6.4 千米。又名一蒜山。《中国海洋岛屿简况》（1980）记为一蒜山。《浙江省海域地名录》（1988）、《温岭县地名志》（1988）、《中国海域地名志》（1989）、《浙江海岛志》（1998）、《全国海岛名称与代码》（2008）和 2010 年浙江省人民政府公布的第一批无居民海岛名称均记为一蒜岛。据传，明清时岛上遍长胡蒜，附近渔民常来此挖蒜佐食，因得蒜名。又因与二蒜岛、三蒜岛一线排列，自西向东，加序数得名。岸线长 2.07 千米，面积 0.084 8 平方千米，最高点高程 75.6 米。基岩岛，由上侏罗统西山头组熔结凝灰岩构成。岛上建有航标灯塔和气象观测站各 1 座。

二蒜岛 (Èrsuàn Dǎo)

　　北纬 28°13.3′，东经 121°38.8′。位于台州市温岭市东南部海域，三蒜岛东南约 520 米，距大陆最近点 4.62 千米。又名二蒜山。《中国海洋岛屿简况》（1980）记为二蒜山。《浙江省海域地名录》（1988）、《温岭县地名志》（1988）、《中国海域地名志》（1989）、《浙江海岛志》（1998）、《全国海岛名称与代码》（2008）和 2010 年浙江省人民政府公布的第一批无居民海岛名称均记为二蒜岛。据传，明清时岛上遍长胡蒜，附近渔民常来此挖蒜佐食，因得蒜名。又因与一蒜岛、三蒜岛一线排列，自东向西，加序数得名。岸线长 3.47 千米，面积 0.248 4 平方千米，最高点高程 102.1 米。基岩岛，由上侏罗统西山头组熔结凝灰岩构成。长有松、杜鹃、芒箕等，栖蛇、鼠、海鸟等。建有海岛养殖放牧园酒店，夏秋之际有游客上岛观光。南侧建有小型码头，供游船和渔船停靠。

三蒜岛 (Sānsuàn Dǎo)

　　北纬 28°13.8′，东经 121°38.1′。位于台州市温岭市东侧海域，距温岭市城区约 30 千米，距大陆最近点 3.09 千米。曾名英雄岛，又名三蒜山。《中国海洋岛屿简况》（1980）记为三蒜山。《温岭县地名志》（1988）记为三蒜岛，曾名英雄岛，以当地渔民在此擒获小股入侵武装人员得名。《浙江省海域地名录》（1988）、《中国海域地名志》（1989）、《浙江古今地名词典》（1990）、《浙江海岛志》（1998）、《全国海岛名称与代码》（2008）均记为三蒜岛。据传，明清时岛上遍长胡蒜，附近渔民常来此挖蒜佐食，因得蒜名。又因与一蒜岛、二蒜岛一线排列，自东向西，加序数得名。

岸线长 7.88 千米，面积 0.774 3 平方千米，最高点高程 113 米。基岩岛，由上侏罗统西山头组熔结凝灰岩构成，表土肥厚，呈黑色。长松树、茅草等。垦有耕地，可植花生、豆、薯等作物。有居民海岛，隶属温岭市。岛上设三蒜行政村，2009 年 12 月有户籍人口 137 人，常住人口 124 人。居民聚居于前岙沿岸，经济以渔业为主，兼养殖业、旅游业。东有后岙，常年风大浪高，有大片沙滩为天然海滨游泳场所，夏季有游客到此游玩。西侧建有百吨级码头 1 座，可泊渔船、渡船等，每日有渡船往返于大陆之间。岛上有水库 1 座，水井多个。

观音手礁 (Guānyīnshǒu Jiāo)

北纬 28°13.3′，东经 121°38.6′。位于台州市温岭市东南部海域，二蒜岛西约 15 米，距大陆最近点 4.73 千米。别名鸡冠头。《浙江省海域地名录》（1988）和《温岭县地名志》（1988）均记为观音手礁，别名鸡冠头。《浙江海岛志》（1998）记为观音手礁。《全国海岛名称与代码》（2008）记为无名岛 WLS61。2010 年浙江省人民政府公布的第一批无居民海岛名称为观音手礁。因附近礁石散乱，状若观音手，故名。岸线长 230 米，面积 1 163 平方米，最高点高程 12.1 米。基岩岛，由上侏罗统西山头组熔结凝灰岩构成。无植被。

外龙眼礁 (Wàilóngyǎn Jiāo)

北纬 28°12.6′，东经 121°33.2′。位于台州市温岭市东南部海域，距大陆最近点 5.27 千米。曾名外龙眼、铜钱礁，别名下童。《中国海洋岛屿简况》（1980）记为外龙眼。《浙江省海域地名录》（1988）和《温岭县地名志》（1988）记为外龙眼礁，别名下童，曾名外龙眼、铜钱礁。《中国海域地名志》（1989）记为外龙眼礁，别名下童。《浙江海岛志》（1998）记为外龙眼礁，别名下童，曾名铜钱礁。《全国海岛名称与代码》（2008）和2010年浙江省人民政府公布的第一批无居民海岛名称记为外龙眼礁。因其形似内龙眼礁，处其南，距大陆远，故名。岸线长154米，面积1 464平方米，最高点高程11.4米。基岩岛，由上侏罗统西山头组熔结凝灰岩构成。无植被。建有航标灯塔1座。

草靴耙嘴礁 (Cǎoxuēpázuǐ Jiāo)

北纬28°52.1′，东经121°40.9′。位于台州市临海市东部海域，浦坝港南侧滩涂上，北距扩塘山约1.8千米，距大陆最近点210米。《浙江海岛志》（1998）记为2056号无名岛。《全国海岛名称与代码》（2008）记为无名岛LHI1。2010年浙江省人民政府公布的第一批无居民海岛名称为草靴耙嘴礁。因岛形状似做草靴的工具草靴耙，故名。岸线长291米，面积2 162平方米，最高点高程8米。基岩岛，由上白垩统塘上组浅灰色凝灰岩构成。长有灌木、草丛，栖蛇、海鸟等。建有航标灯塔1座。

刺棚礁 (Cìpéng Jiāo)

北纬28°52.0′，东经121°40.4′。位于台州市临海市东部海域，浦坝港南侧滩涂上，距扩塘山约2.1千米，距大陆最近点270米。《浙江海岛志》（1998）记为2058号无名岛。2010年浙江省人民政府公布的第一批无居民海岛名称为刺棚礁。岸线长128米，面积974平方米，最高点高程5.3米。基岩岛。长有草丛。

长腰礁 (Chángyāo Jiāo)

北纬28°51.9′，东经121°40.3′。位于台州市临海市东部海域，浦坝港南侧滩涂上，距扩塘山约2.2千米，距大陆最近点190米。曾名澜头、肠腰礁。《浙江省海域地名录》（1988）记为长腰礁，曾名澜头、肠腰礁。《中国海域地名志》（1989）记为长腰礁，曾名肠腰礁。《中国海洋岛屿简况》（1980）、《临海市地名志》（1986）、《浙江海岛志》（1998）、《全国海岛名称与代码》（2008）和2010年浙江省人民政府公布的第一批无居民海岛名称均记为长腰礁。因岛形似腰肾状得名。岸线长222米，面积2 728平方米，最高点高程26.8米。基岩岛，由上白垩统塘上组浅灰色凝灰岩构成。长有灌木、草丛，栖蛇、鼠、海鸟等。岛上搭有渔民临时居所。

锅头礁 (Guōtóu Jiāo)

北纬 28°51.4′，东经 121°40.7′。位于台州市临海市东部海域，距大陆最近点 380 米。曾名锅礁。《浙江省海域地名录》（1988）和《中国海域地名志》（1989）记为锅头礁，曾名锅礁。《中国海洋岛屿简况》（1980）、《临海市地名志》（1986）、《浙江海岛志》（1998）、《全国海岛名称与代码》（2008）和 2010 年浙江省人民政府公布的第一批无居民海岛名称均记为锅头礁。因岛形如倒放的饭锅，故名。岸线长 261 米，面积 4 584 平方米，最高点高程 12.1 米。基岩岛，由上白垩统塘上组浅灰色凝灰岩构成。长有草丛，栖蛇、鼠、海鸟等。搭有渔民临时居所。周围海域产虾及小鱼。

小鹅嘴岛 (Xiǎo'ézuǐ Dǎo)

北纬 28°50.7′，东经 121°50.6′。位于台州市临海市东部海域，小鹅冠岛北约 140 米，属东矶列岛，距大陆最近点 15.28 千米。因位于小鹅冠岛附近，若其嘴，第二次全国海域地名普查时命今名。岸线长 166 米，面积 1 641 平方米。基岩岛。无植被。

小鹅冠岛 (Xiǎo'éguān Dǎo)

北纬 28°50.6′，东经 121°50.8′。位于台州市临海市东部海域，雀儿岙岛北约 3 千米，属东矶列岛，距大陆最近点 15.44 千米。又名小鹅冠。《中国海洋岛屿简况》（1980）记为小鹅冠。《临海市地名志》（1986）、《浙江省海域地名录》（1988）、《中国海域地名志》（1989）、《浙江海岛志》（1998）、《全国海岛名称与代码》（2008）和 2010 年浙江省人民政府公布的第一批无居民海岛名称均记为小鹅冠岛。因岛形似鹅冠，故名。岸线长 3.04 千米，面积 0.222 7 平方千米，最高点高程 77.1 米。基岩岛，由上白垩统塘上组浅灰色凝灰岩构成。附近海域水深 10～11 米，产黄鱼、鲳鱼、墨鱼、马面鱼、米鱼、梭子蟹及海鳗等。有渔民季节性上岛居住。

上盘大北礁 (Shàngpán Dàběi Jiāo)

北纬 28°50.5′，东经 121°50.2′。位于台州市临海市东部海域，小鹅冠岛西南约 450 米，属东矶列岛，距大陆最近点 14.98 千米。《浙江海岛志》（1998）

记为 2067 号无名岛。《全国海岛名称与代码》（2008）记为无名岛 LHI4。2010
年浙江省人民政府公布的第一批无居民海岛名称为上盘大北礁。因其位于上盘
镇北部海域，故名。岸线长 219 米，面积 2 734 平方米，最高点高程 9.5 米。基
岩岛。无植被。

小北石岛 (Xiǎoběishí Dǎo)

北纬 28°50.4′，东经 121°50.4′。位于台州市临海市东部海域，小鹅冠岛西
南约 110 米，临近小北礁，属东矶列岛，距大陆最近点 15.44 千米。因位于小
北礁旁，面积较小，第二次全国海域地名普查时命今名。岸线长 85 米，面积
250 平方米。基岩岛。无植被。附近海域水深 9～10 米，产虾及小鱼。

小北礁 (Xiǎoběi Jiāo)

北纬 28°50.4′，东经 121°50.4′。位于台州市临海市东部海域，属东矶列岛，
距大陆最近点 15.36 千米。《浙江海岛志》（1998）记为 2069 号无名岛。《全
国海岛名称与代码》（2008）记为无名岛 LHI5。2010 年浙江省人民政府公布的
第一批无居民海岛名称为小北礁。因该岛位于上盘大北礁东南，较其小，故名。
岸线长 120 米，面积 664 平方米，最高点高程 12 米。基岩岛。无植被。

小鸡毛岛 (Xiǎojīmáo Dǎo)

北纬 28°50.1′，东经 121°40.7′。位于台州市临海市东部海域，桃渚镇南门
坑村东南侧滩涂上，距大陆最近点 10 米。因岛形如鸡毛，面积较小，第二次全
国海域地名普查时命今名。岸线长 27 米，面积 57 平方米。基岩岛。长有灌木、
草丛。

桃渚土豆岛 (Táozhǔ Tǔdòu Dǎo)

北纬 28°50.1′，东经 121°40.5′。位于台州市临海市东部海域，桃渚镇南门
坑村东南侧滩涂上，距大陆最近点 10 米。因位于桃渚镇，岛形似土豆，第二次
全国海域地名普查时命今名。岸线长 138 米，面积 1 134 平方米。基岩岛。无植被。

桃渚水桶礁 (Táozhǔ Shuǐtǒng Jiāo)

北纬 28°50.1′，东经 121°42.2′。位于台州市临海市东部海域，距大陆最近
点 1.97 千米。因岛形似水桶，又地处桃渚镇，第二次全国海域地名普查时命今名。

岸线长 105 米，面积 775 平方米。基岩岛。无植被。

铜钿礁 (Tóngtián Jiāo)

北纬 28°50.0′，东经 121°41.7′。位于台州市临海市东部海域，距大陆最近点 1.16 千米。曾名水桶礁、同田礁，又名铜板礁。《临海市地名志》（1986）和《浙江省海域地名录》（1988）均记为铜钿礁，曾名水桶礁、同田礁。《浙江海岛志》（1998）、《全国海岛名称与代码》（2008）均记为铜板礁。2010 年浙江省人民政府公布的第一批无居民海岛名称为铜钿礁。因岛形圆，中有洼处，如旧时所用外圆内有方孔的铜钿（铜钱），故名。岸线长 89 米，面积 595 平方米，最高点高程 6 米。基岩岛，由上白垩统塘上组浅灰色凝灰岩构成。无植被。

红珠屿 (Hóngzhū Yǔ)

北纬 28°49.9′，东经 121°42.1′。位于台州市临海市东部海域，距大陆最近点 1.76 千米。又名洪珠峙。《中国海洋岛屿简况》（1980）记为洪珠峙。《临海市地名志》（1986）、《浙江省海域地名录》（1988）、《中国海域地名志》（1989）、《浙江海岛志》（1998）、《全国海岛名称与代码》（2008）和 2010 年浙江省人民政府公布的第一批无居民海岛名称均记为红珠屿。因岛呈圆形，表面岩石呈红色，故名。岸线长 335 米，面积 5 987 平方米，最高点高程 12.6 米。基岩岛，由上白垩统塘上组浅灰色凝灰岩构成。长有草丛。周围海域产虾及小鱼。

平岩屿 (Píngyán Yǔ)

北纬 28°49.8′，东经 121°41.1′。位于台州市临海市东部海域，距大陆最近点 200 米。《浙江海岛志》（1998）记为 2077 号无名岛。《全国海岛名称与代码》（2008）记为无名岛 LHI6。2010 年浙江省人民政府公布的第一批无居民海岛名称为平岩屿。因岛上岩石分布较平坦，故名。岸线长 395 米，面积 9 287 平方米，最高点高程 17.2 米。基岩岛。长有草丛，栖蛇、海鸟等。建有渔民临时居所 1 座。

大鲎礁 (Dàhòu Jiāo)

北纬 28°49.8′，东经 121°40.9′。位于台州市临海市东部海域，毛草屿西约 140 米，距大陆最近点 100 米。又名大鲎。《中国海洋岛屿简况》（1980）记为大鲎。《临海市地名志》（1986）、《浙江省海域地名录》（1988）、《中国海域地名志》（1989）、《浙江海岛志》（1998）、《全国海岛名称与代码》（2008）和2010年浙江省人民政府公布的第一批无居民海岛名称均记为大鲎礁。因岛形如海生节肢动物海鲎，面积相对较大，故名。岸线长202米，面积1677平方米，最高点高程11米。基岩岛，由上白垩统塘上组浅灰色凝灰岩构成。长有灌木、草丛，栖蛇、海鸟等。建有渔民居所。

毛草屿 (Máocǎo Yǔ)

北纬28°49.8′，东经121°41.4′。位于台州市临海市东部海域，距大陆最近点410米。又名上山。《中国海洋岛屿简况》（1980）记为上山。《临海市地名志》（1986）、《浙江省海域地名录》（1988）、《中国海域地名志》（1989）、《浙江海岛志》（1998）、《全国海岛名称与代码》（2008）和2010年浙江省人民政府公布的第一批无居民海岛名称均记为毛草屿。因以前岛上长满茅草，"毛草"为"茅草"的谐音，故名。岸线长1.45千米，面积0.043平方千米，最高点高程36.1米。基岩岛，由上白垩统塘上组浅灰色凝灰岩构成。长有茅草，栖蛇、鼠、海鸟等。周围海域产虾及小鱼。搭有渔民临时居所。

毛草南岛 (Máocǎo Nándǎo)

北纬28°49.7′，东经121°41.3′。位于台州市临海市东部海域，毛草屿南约15米，距大陆最近点630米。因地处毛草屿南侧海域，第二次全国海域地名普查时命今名。岸线长120米，面积778平方米。基岩岛。无植被。

小跨屿 (Xiǎokuà Yǔ)

北纬28°49.7′，东经121°41.2′。位于台州市临海市东部海域，毛草屿南约80米，距大陆最近点480米。又名毛草峙。《中国海洋岛屿简况》（1980）记为毛草峙。《浙江海岛志》（1998）记为2080号无名岛。《全国海岛名称与代码》（2008）记为无名岛LHI8。2010年浙江省人民政府公布的第一批无居民海岛名称为小跨屿。岸线长404米，面积9828平方米，最高点高程20米。基岩岛，由上白垩统塘上组浅灰色凝灰岩构成。长有灌木、草丛，栖蛇、海鸟等。

大块屿 (Dàkuài Yǔ)

北纬 28°49.6′，东经 121°40.8′。位于台州市临海市东部海域，毛草屿西约 550 米，距大陆最近点 50 米。又名小块峙、大快屿。《中国海洋岛屿简况》(1980) 记为小块峙。《浙江省海域地名录》(1988) 记为大快屿。《临海市地名志》(1986)、《中国海域地名志》(1989)、《浙江海岛志》(1998)、《全国海岛名称与代码》(2008) 和 2010 年浙江省人民政府公布的第一批无居民海岛名称均记为大块屿。因其西北部山上两岗间跨度较大，谐音为"大块"屿，故名。岸线长 398 米，面积 7 059 平方米，最高点高程 17.7 米。基岩岛，由上白垩统塘上组浅灰色凝灰岩构成。长有黑松、灌木、草丛，栖蛇、鼠、海鸟等。周围海域产虾类及小鱼。

饭毕岛 (Fànbì Dǎo)

北纬 28°49.3′，东经 121°45.6′。位于台州市临海市东部海域，雀儿岙岛西北约 8.6 千米处，属东矶列岛，距大陆最近点 7.53 千米。又名饭毕。《中国海洋岛屿简况》(1980) 记为饭毕。《临海市地名志》(1986)、《浙江省海域地名录》(1988)、《中国海域地名志》(1989) 均记为饭毕岛。因岛形如蒸饭所用工具的底部，俗称"饭毕"，故名。岸线长 217 米，面积 2 494 平方米，最高点高程 17.9 米。基岩岛。长有灌木、草丛，栖蛇、鼠等，建有航标灯塔 1 座。

雀儿岙岛 (Quèr'ào Dǎo)

北纬 28°47.8′，东经 121°51.2′。位于台州市临海市东部海域，东矶列岛北部，距上盘镇约 25 千米，为东矶列岛主岛之一，距大陆最近点 14.91 千米。曾名金门岛、大鹅冠，又名雀儿岙。《中国海洋岛屿简况》(1980) 记为雀儿岙。《临海市地名志》(1986)、《浙江省海域地名录》(1988)、《中国海域地名志》(1989) 均记为雀儿岙岛，曾名金门岛、大鹅冠。《浙江海岛志》(1998) 和《全国海岛名称与代码》(2008) 均记为雀儿岙岛。因岛多岙，种植豆、麦，招来麻雀甚多，故名。当地渔民曾称作大鹅冠，系相对北面的小鹅冠岛而称。

岸线长 28.92 千米，面积 4.304 9 平方千米，最高点高程 188.7 米。基岩岛，岩石以上白垩统塘上组浅灰色含角砾凝灰岩为主，局部夹凝灰质砂砾岩。植被以灌木、草丛为主，乔木分布较少。有居民海岛，隶属临海市，岛上设有雀儿岙行政村。2009年12月户籍人口231人，常住人口231人。经济以渔业为主，捕捞鲳鱼、带鱼、黄鱼、墨鱼、梭子蟹等，兼养殖、种植业。1954年前基本为一荒岛，仅13户大陆渔民来岛上开荒种红薯度日。1957年起，有前所、杜桥、上盘等地渔民和农民陆续来岛上定居。随着居民增多，土地开垦与渔业生产逐渐发展起来。岛上有水库1座，水井多口，可供日常用水。建有码头2座，小型船舶可候潮靠岸。

雀儿岙一岛 (Quèr'ào Yīdǎo)

北纬28°47.1′，东经121°50.6′。位于台州市临海市东部海域，雀儿岙岛西约5米，属东矶列岛，距大陆最近点15.88千米。因其是雀儿岙岛附近小岛之一，按逆时针排列加序数，第二次全国海域地名普查时命今名。岸线长73米，面积137平方米。基岩岛。无植被。

雀儿岙二岛 (Quèr'ào Èrdǎo)

北纬28°46.9′，东经121°50.4′。位于台州市临海市东部海域，雀儿岙岛西南约120米，属东矶列岛，距大陆最近点15.57千米。因其是雀儿岙岛附近小岛之一，按逆时针排列加序数，第二次全国海域地名普查时命今名。岸线长71米，面积262平方米。基岩岛。无植被。

雀儿岙三岛 (Quèr'ào Sāndǎo)

北纬28°46.7′，东经121°50.4′。位于台州市临海市东部海域，雀儿岙岛西南约5米，属东矶列岛，距大陆最近点15.5千米。因其是雀儿岙岛附近小岛之一，按逆时针排列加序数，第二次全国海域地名普查时命今名。岸线长100米，面积419平方米。基岩岛。无植被。

雀儿岙四岛 (Quèr'ào Sìdǎo)

北纬28°46.7′，东经121°50.0′。位于台州市临海市东部海域，雀儿岙岛西南约30米，属东矶列岛，距大陆最近点14.88千米。因其是雀儿岙岛附近小岛之一，按逆时针排列加序数，第二次全国海域地名普查时命今名。岸线长137米，面积389平方米。基岩岛。长有草丛。

雀儿岙五岛 (Quèr'ào Wǔdǎo)

北纬 28°46.6′，东经 121°50.0′。位于台州市临海市东部海域，雀儿岙岛西南约 2 米，属东矶列岛，距大陆最近点 14.9 千米。因其是雀儿岙岛附近小岛之一，按逆时针排列加序数，第二次全国海域地名普查时命今名。岸线长 171 米，面积 926 平方米。基岩岛。长有草丛。

雀儿岙六岛 (Quèr'ào Liùdǎo)

北纬 28°46.4′，东经 121°50.2′。位于台州市临海市东部海域，雀儿岙岛南约 85 米，属东矶列岛，距大陆最近点 15.29 千米。因其是雀儿岙岛附近小岛之一，按逆时针排列加序数，第二次全国海域地名普查时命今名。岸线长 46 米，面积 121 平方米。基岩岛。无植被。

雀儿岙七岛 (Quèr'ào Qīdǎo)

北纬 28°47.1′，东经 121°51.5′。位于台州市临海市东部海域，雀儿岙岛东约 16 米，属东矶列岛，距大陆最近点 17.2 千米。因其是雀儿岙岛附近小岛之一，按逆时针排列加序数，第二次全国海域地名普查时命今名。岸线长 65 米，面积 263 平方米。基岩岛。无植被。

雀儿岙八岛 (Quèr'ào Bādǎo)

北纬 28°48.1′，东经 121°52.4′。位于台州市临海市东部海域，雀儿岙岛东约 220 米处，属东矶列岛，距大陆最近点 18.76 千米。因其是雀儿岙岛附近小岛之一，按逆时针排列加序数，第二次全国海域地名普查时命今名。岸线长 66 米，面积 253 平方米。基岩岛。无植被。

雀儿岙九岛 (Quèr'ào Jiǔdǎo)

北纬 28°48.7′，东经 121°52.1′。位于台州市临海市东部海域，雀儿岙岛东北约 120 米处，属东矶列岛，距大陆最近点 18.29 千米。因其是雀儿岙岛附近小岛之一，按逆时针排列加序数，第二次全国海域地名普查时命今名。岸线长 94 米，面积 495 平方米。基岩岛。无植被。

雀儿岙十岛 (Quèr'ào Shídǎo)

北纬 28°48.7′，东经 121°52.2′。位于台州市临海市东部海域，雀儿岙岛东北约 180 米处，属东矶列岛，距大陆最近点 18.43 千米。因其是雀儿岙岛附近小岛之一，按逆时针排列加序数，第二次全国海域地名普查时命今名。岸线长 12 米，面积 10 平方米。基岩岛。无植被。

二姐妹礁 (Èrjiěmèi Jiāo)

北纬 28°48.1′，东经 121°52.3′。位于台州市临海市东部海域，雀儿岙岛东约 65 米处，属东矶列岛，距大陆最近点 18.53 千米。《浙江海岛志》（1998）记为 2091 号无名岛。《全国海岛名称与代码》（2008）记为无名岛 LHI18。2010 年浙江省人民政府公布的第一批无居民海岛名称为二姐妹礁。岸线长 80 米，面积 245 平方米，最高点高程 21.2 米。基岩岛。无植被。

三姐妹礁 (Sānjiěmèi Jiāo)

北纬 28°48.1′，东经 121°52.4′。位于台州市临海市东部海域，雀儿岙岛东约 230 米处，属东矶列岛，距大陆最近点 18.76 千米。《浙江海岛志》（1998）记为 2090 号无名岛。《全国海岛名称与代码》（2008）记为无名岛 LHI17。2010 年浙江省人民政府公布的第一批无居民海岛名称为三姐妹礁。岸线长 141 米，面积 1 250 平方米，最高点高程 20 米。基岩岛。长有草丛。

上盘四姐妹礁 (Shàngpán Sìjiěmèi Jiāo)

北纬 28°48.2′，东经 121°52.3′。位于台州市临海市东部海域，雀儿岙岛东约 10 米处，属东矶列岛，距大陆最近点 18.48 千米。《浙江海岛志》（1998）记为 2085 号无名岛。《全国海岛名称与代码》（2008）记为无名岛 LHI12。2010 年浙江省人民政府公布的第一批无居民海岛名称为上盘四姐妹礁。岸线长 173 米，面积 1 171 平方米，最高点高程 17 米。基岩岛。长有草丛。

五姐妹礁 (Wǔjiěmèi Jiāo)

北纬 28°48.3′，东经 121°52.3′。位于台州市临海市东部海域，雀儿岙岛东约 15 米处，属东矶列岛，距大陆最近点 18.47 千米。《浙江海岛志》（1998）记为 2084 号无名岛。《全国海岛名称与代码》（2008）记为无名岛 LHI11。2010 年浙江省人民政府公布的第一批无居民海岛名称为五姐妹礁。岸线长 154 米，面积 896 平方米，最高点高程 13.7 米。基岩岛。无植被。

六姐妹礁 (Liùjiěmèi Jiāo)

北纬 28°48.7′，东经 121°52.0′。位于台州市临海市东部海域，雀儿岙岛东北约 5 米处，属东矶列岛，距大陆最近点 18.14 千米。《浙江海岛志》（1998）记为 2083 号无名岛。《全国海岛名称与代码》（2008）记为无名岛 LHI10。2010 年浙江省人民政府公布的第一批无居民海岛名称为六姐妹礁。岸线长 341 米，面积 3 230 平方米，最高点高程 25.5 米。基岩岛。长有灌木、草丛。

七姐妹礁 (Qījiěmèi Jiāo)

北纬 28°48.2′，东经 121°52.3′。位于台州市临海市东部海域，雀儿岙岛东约 10 米处，属东矶列岛，距大陆最近点 18.51 千米。《浙江海岛志》（1998）记为 2086 号无名岛。《全国海岛名称与代码》（2008）记为无名岛 LHI13。2010 年浙江省人民政府公布的第一批无居民海岛名称为七姐妹礁。岸线长 147 米，面积 669 平方米，最高点高程 18 米。基岩岛。长有草丛。

兄弟礁 (Xiōngdì Jiāo)

北纬 28°48.2′，东经 121°52.4′。位于台州市临海市东部海域，雀儿岙岛东约 180 米处，属东矶列岛，距大陆最近点 18.71 千米。《浙江海岛志》（1998）记为 2088 号无名岛。《全国海岛名称与代码》（2008）记为无名岛 LHI15。2010 年浙江省人民政府公布的第一批无居民海岛名称为兄弟礁。岸线长 118 米，面积 578 平方米，最高点高程 11 米。基岩岛。长有草丛。

乌礁 (Wū Jiāo)

北纬 28°47.6′，东经 121°40.8′。位于台州市临海市东部海域，距大陆最近点 20 米。《浙江海岛志》（1998）记为 2098 号无名岛。《全国海岛名称与代码》（2008）记为无名岛 LHI19。2010 年浙江省人民政府公布的第一批无居民海岛名称为乌礁。因岛上岩石呈乌黑色，故名。岸线长 206 米，面积 1 799 平方米，最高点高程 5.2 米。基岩岛。无植被。

黑墨礁 (Hēimò Jiāo)

北纬 28°47.6′，东经 121°41.3′。位于台州市临海市东部海域，距大陆最近点 730 米。《临海市地名志》（1986）、《浙江省海域地名录》（1988）、《中国

海域地名志》（1989）、《浙江海岛志》（1998）、《全国海岛名称与代码》（2008）
和 2010 年浙江省人民政府公布的第一批无居民海岛名称均记为黑墨礁。因岛上
岩石色黑，故名。岸线长 319 米，面积 6 221 平方米，最高点高程 8.2 米。基岩
岛，由晚白垩世潜石英粗面斑岩构成。无植被。

大锣四岛 (Dàluó Sìdǎo)

北纬 28°47.3′，东经 121°46.4′。位于台州市临海市东部海域，雀儿岙岛西
约 6.6 千米，属东矶列岛，距大陆最近点 9.01 千米。第二次全国海域地名普查
时命今名。岸线长 92 米，面积 571 平方米。基岩岛。无植被。

前门屿 (Qiánmén Yǔ)

北纬 28°46.9′，东经 121°50.5′。位于台州市临海市东部海域，雀儿岙岛西
南约 30 米，属东矶列岛，距大陆最近点 15.58 千米。《临海市地名志》（1986）、《浙
江省海域地名录》（1988）、《中国海域地名志》（1989）、《浙江海岛志》（1998）、
《全国海岛名称与代码》（2008）和 2010 年浙江省人民政府公布的第一批无居
民海岛名称均记为前门屿。因地处雀儿岙岛小岙村前而得名。岸线长 357 米，
面积 3 881 平方米，最高点高程 17.5 米。基岩岛，由上白垩统塘上组浅灰色凝
灰岩构成。长有灌木、草丛，栖蛇、鼠等。

牛哑礁 (Niúyǎ Jiāo)

北纬 28°46.5′，东经 121°49.1′。位于台州市临海市东部海域，石坦岛西北
约 360 米，属东矶列岛，距大陆最近点 13.41 千米。别名石坦礁、石坦礁头。《临
海市地名志》（1986）和《浙江省海域地名录》（1988）记为牛哑礁，别名石坦礁
头。《中国海域地名志》（1989）记为牛哑礁，别称石坦礁。《中国海洋岛屿
简况》（1980）、《浙江海岛志》（1998）、《全国海岛名称与代码》（2008）和
2010 年浙江省人民政府公布的第一批无居民海岛名称均记为牛哑礁。因其由数
个礁石散列组成，状如牛粪堆，当地渔民"粪"读作"哑"（ai），故名。又
因在石坦岛附近，别称石坦礁。岸线长 207 米，面积 2 354 平方米，最高点高
程 10.3 米。基岩岛，由上白垩统塘上组浅灰色凝灰岩构成。无植被。

烂花礁 (Lànhuā Jiāo)

北纬 28°46.5′，东经 121°49.2′。位于台州市临海市东部海域，石坦岛西北约 300 米，属东矶列岛，距大陆最近点 13.54 千米。《浙江海岛志》（1998）记为 2107 号无名岛。《全国海岛名称与代码》（2008）记为无名岛 LHI21。2010年浙江省人民政府公布的第一批无居民海岛名称为烂花礁。因岛形如兰花，又因颜色不如兰花鲜艳，故名。岸线长 189 米，面积 2 000 平方米，最高点高程 9.4米。基岩岛。无植被。

沙岗屿 (Shāgǎng Yǔ)

北纬 28°46.3′，东经 121°50.2′。位于台州市临海市东部海域，雀儿岙岛南约 130 米，属东矶列岛，距大陆最近点 15.21 千米。《临海市地名志》（1986）、《浙江省海域地名录》（1988）、《中国海域地名志》（1989）、《浙江海岛志》（1998）、《全国海岛名称与代码》（2008）和 2010 年浙江省人民政府公布的第一批无居民海岛名称均记为沙岗屿。因岛北部都是沙岗，故名。岸线长 513 米，面积 7 778 平方米，最高点高程 25.4 米。基岩岛，由上白垩统塘上组浅灰色凝灰岩构成。长有草丛，栖蛇、鼠等。周围海域水深 6～9 米，产小鱼及虾类。

泥鳅礁 (Níqiū Jiāo)

北纬 28°46.2′，东经 121°48.9′。位于台州市临海市东部海域，石坦岛西约 300 米，属东矶列岛，距大陆最近点 13.23 千米。别名黄狗礁、泥礁。《临海市地名志》（1986）记为泥鳅礁。《浙江省海域地名录》（1988）记为泥鳅礁，别名黄狗礁、泥礁。因退潮后此岛形如泥鳅，故名。岸线长 32 米，面积 67 平方米，最高点高程 2.9 米。基岩岛。无植被。

石坦岛 (Shítǎn Dǎo)

北纬 28°45.9′，东经 121°49.1′。位于台州市临海市东部海域，雀儿岙岛西南，田岙岛西北侧，距雀儿岙岛约 700 米，属东矶列岛，距大陆最近点 13.26千米。别名里山，又名石坦。《中国海洋岛屿简况》（1980）记为石坦。《中国海域地名志》（1989）记为石坦岛，别名里山。《临海市地名志》（1986）、《浙江省海域地名录》（1988）、《浙江海岛志》（1998）、《全国海岛名称与代码》

（2008）和2010年浙江省人民政府公布的第一批无居民海岛名称均记为石坦岛。因岛体较长，如石头做的扁担，故名。岸线长6.69千米，面积0.478 5平方千米，最高点高程65.2米。基岩岛，由上白垩统塘上组浅灰色凝灰岩构成。长有灌木、草丛，栖海鸟。建有渔民临时宿舍。

戏台礁 (Xìtái Jiāo)

北纬28°45.9′，东经121°53.4′。位于台州市临海市东部海域，属东矶列岛，距大陆最近点20.48千米。《临海市地名志》（1986）、《浙江省海域地名录》（1988）、《中国海域地名志》（1989）、《浙江海岛志》（1998）、《全国海岛名称与代码》（2008）和2010年浙江省人民政府公布的第一批无居民海岛名称均记为戏台礁。因岛呈方形，顶部平坦，似乡村石砌的露天戏台，故名。岸线长190米，面积1 542平方米，最高点高程7.2米。基岩岛，由上白垩统塘上组浅灰色凝灰岩构成。无植被。

离开礁 (Líkāi Jiāo)

北纬28°45.8′，东经121°49.3′。位于台州市临海市东部海域，石坦岛东南约120米，属东矶列岛，距大陆最近点13.94千米。《临海市地名志》（1986）和《浙江省海域地名录》（1988）记为离开礁。因与石坦岛靠近，落潮后可通行，似此岛从石坦岛上离开而成，故名。岸线长105米，面积634平方米，最高点高程3米。基岩岛。无植被。

石坦西岛 (Shítǎn Xīdǎo)

北纬28°45.6′，东经121°48.8′。位于台州市临海市东部海域，石坦岛西南约40米，属东矶列岛，距大陆最近点13.25千米。因位于石坦岛西侧，第二次全国海域地名普查时命今名。岸线长62米，面积310平方米。基岩岛。无植被。

骑人门山屿 (Qírénménshān Yǔ)

北纬28°45.6′，东经121°48.7′。位于台州市临海市东部海域，距石坦岛约120米，属东矶列岛，距大陆最近点13.09千米。《浙江海岛志》（1998）记为2112号无名岛。《全国海岛名称与代码》（2008）记为无名岛LHI23。2010年浙江省人民政府公布的第一批无居民海岛名称为骑人门山屿。因岛附近有一巨石，远看如骑着马的人，故名。岸线长 354 米，面积 8 034 平方米，最高点高程 31.6 米。基岩岛。长有灌木、草丛。

双屿西岛 (Shuāngyǔ Xīdǎo)

北纬 28°45.5′，东经 121°52.7′。位于台州市临海市东部海域，属东矶列岛，距大陆最近点 19.52 千米。第二次全国海域地名普查时命今名。岸线长 69 米，面积 316 平方米。基岩岛。无植被。

外背岛 (Wàibèi Dǎo)

北纬 28°45.5′，东经 121°48.1′。位于台州市临海市东部海域，属东矶列岛，距大陆最近点 12.2 千米。第二次全国海域地名普查时命今名。岸线长 401 米，面积 8 379 平方米。基岩岛。无植被。

上盘中屿岛 (Shàngpán ZhōngyǔDǎo)

北纬 28°45.4′，东经 121°52.8′。位于台州市临海市东部海域，属东矶列岛，距大陆最近点 19.64 千米。第二次全国海域地名普查时命今名。岸线长 104 米，面积 721 平方米。基岩岛。无植被。

小嘴头礁 (Xiǎozuǐtóu Jiāo)

北纬 28°45.4′，东经 121°53.4′。位于台州市临海市东部海域，属东矶列岛，距大陆最近点 20.66 千米。《浙江海岛志》（1998）记为 2114 号无名岛。《全国海岛名称与代码》（2008）记为无名岛 LHI24。2010 年浙江省人民政府公布的第一批无居民海岛名称为小嘴头礁。相对大嘴头礁而得名。岸线长 241 米，面积 1 717 平方米，最高点高程 11.5 米。基岩岛。长有草丛。

大嘴头礁 (Dàzuǐtóu Jiāo)

北纬 28°45.4′，东经 121°52.8′。位于台州市临海市东部海域，属东矶列岛，距大陆最近点 19.67 千米。《浙江海岛志》（1998）记为 2115 号无名岛。《全国海岛名称与代码》（2008）记为无名岛 LHI25。2010 年浙江省人民政府公布的第一批无居民海岛名称为大嘴头礁。相对小嘴头礁而得名。岸线长 212 米，面积 2 860 平方米，最高点高程 17.1 米。基岩岛。长有草丛。

外山西岛 (Wàishān Xīdǎo)

北纬 28°45.3′，东经 121°48.0′。位于台州市临海市东部海域，属东矶列岛，距大陆最近点 12.12 千米。第二次全国海域地名普查时命今名。岸线长 47 米，面积 153 平方米。基岩岛。无植被。

长峙南岛 (Chángzhì Nándǎo)

北纬 28°45.3′，东经 121°53.1′。位于台州市临海市东部海域，属东矶列岛，距大陆最近点 20.2 千米。第二次全国海域地名普查时命今名。岸线长 84 米，面积 395 平方米。基岩岛。无植被。

单屿 (Dān Yǔ)

北纬 28°45.3′，东经 121°52.0′。位于台州市临海市东部海域，田岙岛东北约 350 米，属东矶列岛，距大陆最近点 18.45 千米。《中国海洋岛屿简况》(1980)、《临海市地名志》(1986)、《浙江省海域地名录》(1988)、《中国海域地名志》(1989)、《浙江海岛志》(1998)、《全国海岛名称与代码》(2008) 和 2010 年浙江省人民政府公布的第一批无居民海岛名称均记为单屿。岸线长 584 米，面积 0.014 7 平方千米，最高点高程 32.2 米。基岩岛，由上白垩统塘上组浅灰色凝灰岩构成。长有灌木、草丛，栖海鸟。搭有渔民临时居所。附近海域产鱼、虾。

单屿东岛 (Dānyǔ Dōngdǎo)

北纬 28°45.2′，东经 121°52.1′。位于台州市临海市东部海域，单屿东南约 100 米，属东矶列岛，距大陆最近点 18.72 千米。因位于单屿东侧，且面积较之小，第二次全国海域地名普查时命今名。岸线长 90 米，面积 444 平方米。基岩岛。无植被。

中峙礁 (Zhōngzhì Jiāo)

北纬 28°45.2′，东经 121°52.6′。位于台州市临海市东部海域，属东矶列岛，距大陆最近点 19.52 千米。《浙江海岛志》(1998) 记为 2120 号无名岛。《全国海岛名称与代码》(2008) 记为无名岛 LHI27。2010 年浙江省人民政府公布的第一批无居民海岛名称为中峙礁。岸线长 168 米，面积 635 平方米，最高点高程 6.5 米。基岩岛。无植被。

东黄狗礁 (Dōnghuánggǒu Jiāo)

北纬 28°44.9′，东经 121°52.9′。位于台州市临海市东部海域，田岙岛东约 950 米，属东矶列岛，距大陆最近点 20.12 千米。曾名黄狗礁。《临海市地名志》（1986）、《浙江省海域地名录》（1988）、《中国海域地名志》（1989）均记为东黄狗礁，曾名黄狗礁。因岛上岩石呈黄色，岛形似狗，位于田岙岛东侧海域，故名。岸线长 104 米，面积 534 平方米，最高点高程 5.1 米。基岩岛。无植被。

单峙礁 (Dānzhì Jiāo)

北纬 28°44.7′，东经 121°52.1′。位于台州市临海市东部海域，田岙岛东约 5 米，属东矶列岛，距大陆最近点 18.8 千米。《浙江海岛志》（1998）记为 2123 号无名岛。《全国海岛名称与代码》（2008）记为无名岛 LHI28。2010 年浙江省人民政府公布的第一批无居民海岛名称为单峙礁。因处中峙礁西南单独存在，故名。岸线长 147 米，面积 1 049 平方米，最高点高程 10.6 米。基岩岛，由上白垩统塘上组浅灰色凝灰岩构成。无植被。

田岙岛 (Tián'ào Dǎo)

北纬 28°44.5′，东经 121°51.5′。位于台州市临海市东部海域，东矶列岛中部，距上盘镇约 26 千米，为东矶列岛主岛之一，距大陆最近点 16.51 千米。曾名西鸡、西麂、西矶、高岛，又名西鸡山、田岙。民国时期《临海县志稿·叙山》载"西麂山，一作西矶山，在县东一百五十里海中，以其岙中有田，故名田岙"。《中国海洋岛屿简况》（1980）记为高岛。《中国海域地名志》（1989）记为田岙岛，曾名西鸡、西麂、西矶、高岛。《临海市地名志》（1986）、《浙江省海域地名录》（1988）、《浙江古今地名词典》（1990）、《浙江海岛志》（1998）、《全国海岛名称与代码》（2008）均记为田岙岛。因西侧海湾内有东矶列岛中所仅有的水田数丘，故名。又因岛上黄夫岙山头石形似鸡，处东矶西面，称西鸡山，演称为"西麂山""西矶山"。

岸线长 24.13 千米，面积 4.246 9 平方千米，最高点高程 244.7 米。基岩岛，岩石以上白垩统塘上组凝灰岩为主，并零星出露晚白垩世潜流纹斑岩。植被主要有茅草、灌木、黑松、木麻黄等。有居民海岛，隶属临海市，岛上设田岙行政村。2009 年 12 月户籍人口 301 人，常住人口 301 人。经济以捕捞业为主，捕捞鲳鱼、带鱼、黄鱼、墨鱼、米鱼、梭子蟹等，张网作业盛行，产紫菜。岛上土层厚、土质好，可植豆、麦、薯及少量水产作物。建有小型水库、水井多处，可供日常用水。有码头 1 座，小型船舶可候潮靠岸。

乌一屿 (Wūyī Yǔ)

北纬 28°44.0′，东经 121°55.8′。位于台州市临海市东部海域，东矶岛北约 1.1 千米，属东矶列岛，距大陆最近点 24.95 千米。又名乌礁、乌屿。《中国海洋岛屿简况》（1980）记为乌礁。《临海市地名志》（1986）记为乌屿。《浙江省海域地名录》（1988）记为乌一屿，曾名乌礁。《浙江海岛志》（1998）记为乌一屿，又名乌礁，乌屿。《中国海域地名志》（1989）、《全国海岛名称与代码》（2008）和 2010 年浙江省人民政府公布的第一批无居民海岛名称均记为乌一屿。因该处 3 个海岛岩石呈乌黑色，且植被稀少，统称乌屿，按逆时针排列，加序数得名。岸线长 434 米，面积 0.011 4 平方千米，最高点高程 24.5 米。基岩岛，由上白垩统塘上组浅灰色凝灰岩构成。长有灌木、草丛。

乌二屿 (Wū'èr Yǔ)

北纬 28°44.0′，东经 121°55.8′。位于台州市临海市东部海域，东矶岛北约 1.1 千米，属东矶列岛，距大陆最近点 24.97 千米。曾名乌礁，又名乌屿。《临海市地名志》（1986）记为乌屿。《浙江省海域地名录》（1988）记为乌二屿，曾名乌礁。《中国海域地名志》（1989）、《浙江海岛志》（1998）、《全国海岛名称与代码》（2008）和 2010 年浙江省人民政府公布的第一批无居民海岛名称均记为乌二屿。因该处 3 个海岛岩石呈乌黑色，且植被稀少，统称乌屿，按逆时针排列，加序数得名。岸线长 157 米，面积 1 458 平方米，最高点高程 12.9 米。基岩岛，由上白垩统塘上组浅灰色凝灰岩构成。无植被。

乌三屿 (Wūsān Yǔ)

北纬 28°44.0′，东经 121°55.9′。位于台州市临海市东部海域，东矶岛北约 1.1 千米，属东矶列岛，距大陆最近点 25.12 千米。又名乌屿。《临海市地名志》（1986）记为乌屿。《浙江省海域地名录》（1988）、《中国海域地名志》（1989）、

《浙江海岛志》（1998）、《全国海岛名称与代码》（2008）和 2010 年浙江省人民政府公布的第一批无居民海岛名称均记为乌三屿。因该处 3 个海岛岩石呈乌黑色，且植被稀少，统称乌屿，按逆时针排列，加序数得名。岸线长 183 米，面积 1 877 平方米，最高点高程 15.8 米。基岩岛，由上白垩统塘上组浅灰色凝灰岩构成。无植被。

田岙小岛 (Tián'ào Xiǎodǎo)

北纬 28°44.0′，东经 121°51.1′。位于台州市临海市东部海域，田岙岛南约 30 米，属东矶列岛，距大陆最近点 17.74 千米。因地处田岙岛附近海域，且面积较小，第二次全国海域地名普查时命今名。岸线长 18 米，面积 23 平方米。基岩岛。无植被。

田岙边岛 (Tián'ào Biān Dǎo)

北纬 28°44.0′，东经 121°51.1′。位于台州市临海市东部海域，田岙岛南约 10 米，属东矶列岛，距大陆最近点 17.79 千米。因位于田岙岛周边海域，距田岙岛较近，第二次全国海域地名普查时命今名。岸线长 46 米，面积 126 平方米。基岩岛。无植被。

穿洞上岛 (Chuāndòng Shàngdǎo)

北纬 28°43.9′，东经 121°50.9′。位于台州市临海市东部海域，田岙岛南约 10 米，属东矶列岛，距大陆最近点 17.49 千米。因地处穿洞屿附近，又相对靠北（上），第二次全国海域地名普查时命今名。岸线长 71 米，面积 270 平方米。基岩岛。无植被。

田岙西嘴岛 (Tián'ào Xīzuǐ Dǎo)

北纬 28°43.9′，东经 121°50.7′。位于台州市临海市东部海域，田岙岛西南约 15 米，属东矶列岛，距大陆最近点 17.24 千米。因地处田岙岛西侧海域，第二次全国海域地名普查时命今名。岸线长 20 米，面积 32 平方米。基岩岛。无植被。

竹刀屿 (Zhúdāo Yǔ)

北纬 28°43.9′，东经 121°50.6′。位于台州市临海市东部海域，田岙岛西南约 40 米，属东矶列岛，距大陆最近点 16.94 千米。《临海市地名志》（1986）、《浙江省海域地名录》（1988）、《中国海域地名志》（1989）、《浙江海岛志》（1998）、《全国海岛名称与代码》（2008）和 2010 年浙江省人民政府公布的第一批无居民海岛名称均记为竹刀屿。因其紧靠田岙岛西部，退潮时基部与田岙岛相连，分开处石面呈直立状，且平整，如竹刀劈过一样，故名。岸线长 421 米，面积 5 153 平方米，最高点高程 24 米。基岩岛，由上白垩统塘上组浅灰色凝灰岩构成。长有黑松、灌木、草丛，栖蛇、鼠、海鸟等。

上盘蟹壳礁 (Shàngpán Xièké Jiāo)

北纬 28°43.9′，东经 121°50.7′。位于台州市临海市东部海域，田岙岛西南约 10 米，属东矶列岛，距大陆最近点 17.11 千米。又名蟹壳礁。《浙江海岛志》（1998）记为 2128 号无名岛。《全国海岛名称与代码》（2008）记为无名岛 LHI29。2010 年浙江省人民政府公布的第一批无居民海岛名称为蟹壳礁。"蟹壳礁"系误用附近一低潮高地之名，第二次全国海域地名普查时更为今名。因岛形如螃蟹浮于水面，位于上盘镇，故名。岸线长 161 米，面积 636 平方米，最高点高程 5.7 米。基岩岛。无植被。

穿洞北岛 (Chuāndòng Běidǎo)

北纬 28°43.9′，东经 121°50.8′。位于台州市临海市东部海域，田岙岛西南约 5 米，属东矶列岛，距大陆最近点 17.35 千米。因位于穿洞屿北侧，又较之小，第二次全国海域地名普查时命今名。岸线长 98 米，面积 468 平方米。基岩岛。长有灌木、草丛。

穿洞屿 (Chuāndòng Yǔ)

北纬 28°43.9′，东经 121°50.8′。位于台州市临海市东部海域，田岙岛西南约 20 米，属东矶列岛，距大陆最近点 17.29 千米。《临海市地名志》（1986）、《浙江省海域地名录》（1988）、《中国海域地名志》（1989）、《浙江海岛志》（1998）、《全国海岛名称与代码》（2008）和 2010 年浙江省人民政府公布的第一批无居民海岛名称均记为穿洞屿。因岛上有东西向自然岩洞，海水能穿洞而过得名。岸线长 531 米，面积 7 208 平方米，最高点高程 23.1 米。基岩岛，由上白垩统塘上组浅灰色凝灰岩构成。长有零星黑松、灌木、木麻黄等，栖蛇、海鸟等。

穿洞南岛 （Chuāndòng Nándǎo）

北纬 28°43.8′，东经 121°50.9′。位于台州市临海市东部海域，田岙岛西南约 120 米，属东矶列岛，距大陆最近点 17.45 千米。因地处穿洞屿南侧海域，第二次全国海域地名普查时命今名。岸线长 48 米，面积 135 平方米。基岩岛。无植被。

横山屿 （Héngshān Yǔ）

北纬 28°43.7′，东经 121°55.8′。位于台州市临海市东部海域，东矶岛北约 450 米，属东矶列岛，距大陆最近点 24.98 千米。又名长礁。《临海市地名志》（1986）记为长礁。《浙江海岛志》（1998）记为 2132 号无名岛。《全国海岛名称与代码》（2008）记为无名岛 LHI31。2010 年浙江省人民政府公布的第一批无居民海岛名称为横山屿。因岛呈长条形，犹如横列在航道中的山体，故名。岸线长 882 米，面积 26 326 平方米，最高点高程 34.2 米。基岩岛，由上白垩统塘上组浅灰色凝灰岩构成。长有灌木、草丛。

上盘乌屿 （Shàngpán Wūyǔ）

北纬 28°43.7′，东经 121°56.0′。位于台州市临海市东部海域，东矶岛北约 450 米，属东矶列岛，距大陆最近点 25.36 千米。《浙江海岛志》（1998）记为 2133 号无名岛。《全国海岛名称与代码》（2008）记为无名岛 LHI32。2010 年浙江省人民政府公布的第一批无居民海岛名称为上盘乌屿。因岛上岩石呈黑色，方言称"乌"，位于上盘镇，故名。岸线长 412 米，面积 5 021 平方米，最高点高程 13.5 米。基岩岛。无植被。

倒退流礁 （Dàotuìliú Jiāo）

北纬 28°43.6′，东经 121°51.6′。位于台州市临海市东部海域，田岙岛南约 10 米，属东矶列岛，距大陆最近点 18.75 千米。又名倒退流岛。《浙江海岛志》（1998）记为倒退流岛。《全国海岛名称与代码》（2008）记为无名岛 LHI33。2010 年浙江省人民政府公布的第一批无居民海岛名称为倒退流礁。岸线长 119 米，面积 479 平方米，最高点高程 15.2 米。基岩岛，由上白垩统塘上组浅灰色凝灰岩构成。长有草丛。

倒离礁 (Dǎolí Jiāo)

北纬 28°43.6′，东经 121°51.7′。位于台州市临海市东部海域，田岙岛南约 10 米，属东矶列岛，距大陆最近点 18.82 千米。曾名早离礁，又名倒犁礁。《浙江省海域地名录》（1988）记为倒离礁，曾名早离礁。《全国海岛名称与代码》（2008）记为无名岛 LHI34。《临海市地名志》（1986）、《浙江海岛志》（1998）和 2010 年浙江省人民政府公布的第一批无居民海岛名称均记为倒离礁。因岛呈长条形，由西向东倾斜伸入大海，远望似倒伏的犁头，故名倒犁礁，后因谐音改称倒离礁。岸线长 202 米，面积 2 213 平方米，最高点高程 12 米。基岩岛，由上白垩统塘上组浅灰色凝灰岩构成。无植被。

马鞍屿 (Mǎ'ān Yǔ)

北纬 28°43.4′，东经 121°51.5′。位于台州市临海市东部海域，田岙岛南约 190 米，属东矶列岛，距大陆最近点 18.57 千米。《中国海洋岛屿简况》（1980）、《临海市地名志》（1986）、《浙江省海域地名录》（1988）、《中国海域地名志》（1989）、《浙江海岛志》（1998）、《全国海岛名称与代码》（2008）和 2010 年浙江省人民政府公布的第一批无居民海岛名称均记为马鞍屿。因岛形状似马鞍，故名。岸线长 1.56 千米，面积 0.037 3 平方千米，最高点高程 35.8 米。基岩岛，由上白垩统塘上组浅灰色凝灰岩构成。长有灌木、草丛，栖蛇、鼠、海鸟等。附近海域产鱼、虾等。

小北矶岛 (Xiǎoběijī Dǎo)

北纬 28°43.3′，东经 121°55.1′。位于台州市临海市东部海域，东矶岛西北约 20 米，属东矶列岛，距大陆最近点 24.21 千米。因位于东矶岛北侧，较东矶岛小，第二次全国海域地名普查时命今名。岸线长 429 米，面积 9 170 平方米。基岩岛。长有灌木、草丛。

马南礁 (Mǎ'Nánjiāo)

北纬 28°43.3′，东经 121°51.5′。位于台州市临海市东部海域，马鞍屿南约 20 米，属东矶列岛，距大陆最近点 18.8 千米。《浙江海岛志》（1998）记为 2138 号无名岛。《全国海岛名称与代码》（2008）记为无名岛 LHI35。2010 年浙江省人民政府公布的第一批无居民海岛名称为马南礁。因其位于马鞍屿正南侧，故名。岸线长 304 米，面积 1 449 平方米，最高点高程 13.7 米。基岩岛。无植被。

小竹山北岛 (Xiǎozhúshān Běidǎo)

北纬 28°43.3′，东经 121°45.1′。位于台州市临海市东部海域，属东矶列岛，距大陆最近点 9 千米。第二次全国海域地名普查时命今名。岸线长 65 米，面积 223 平方米。基岩岛。无植被。

小竹山南岛 (Xiǎozhúshān Nándǎo)

北纬 28°43.2′，东经 121°45.2′。位于台州市临海市东部海域，属东矶列岛，距大陆最近点 9.08 千米。《全国海岛名称与代码》（2008）记为无名岛 LHI36。第二次全国海域地名普查时命今名。岸线长 188 米，面积 702 平方米，最高点高程 11.7 米。基岩岛。长有草丛。

东矶岛 (Dōngjī Dǎo)

北纬 28°43.0′，东经 121°55.4′。位于台州市临海市东部海域，东矶列岛东南部，为东矶列岛主岛之一，距大陆最近点 23.63 千米。别名东鸡、东麂，又名东矶山。《中国海洋岛屿简况》（1980）记为东矶山。《浙江省海域地名录》（1988）和《中国海域地名志》（1989）记为称东矶岛，别名东鸡、东麂。《临海市地名志》（1986）、《浙江古今地名词典》（1990）、《浙江海岛志》（1998）、《全国海岛名称与代码》（2008）均记为东矶岛。相传西边田岙岛黄夫岙山头石形似鸡，故田岙岛又名西鸡山，该岛位于田岙岛之东，称东鸡山，演称为东矶山。岸线长 13.18 千米，面积 1.916 3 平方千米，最高点高程 218.5 米。基岩岛，岩石为上白垩统塘上组凝灰岩，局部夹凝灰质砂砾岩。长有乔木、灌木、草丛，栖蛇、鼠、海鸟等。附近海域产大黄鱼、墨鱼、鲳鱼、带鱼、虾等。1960 年岛上设立国有水产公司收购点和水产品加工厂，一度成为渔船拖网、张网和流网作业集中区，临海市渔产品集散中心。岛西侧岙处可避风，渔民在此建房居住。岙内沿岸建有码头，供鱼汛时期渔船、货船停靠。岛上曾建有油库、制冰厂等，现已废弃。建有水库、水井，可供日常用水。有柴油发电机，可供居民日常用电。

大竹山 (Dàzhú Shān)

北纬 28°43.0′，东经 121°43.7′。位于台州市临海市东部海域，头门岛西北约 3.5 千米，属东矶列岛，距大陆最近点 6.4 千米。《中国海洋岛屿简况》（1980）、《临海市地名志》（1986）、《浙江省海域地名录》（1988）、《中国海域地名志》（1989）、《浙江海岛志》（1998）、《全国海岛名称与代码》（2008）均记为大竹山。岸线长 1.71 千米，面积 0.099 4 平方千米，最高点高程 49.3 米。基岩岛，由上白垩统塘上组浅灰色凝灰岩构成。长有灌木、草丛。建有简易码头、航标灯塔，台州头门港疏港公路跨海大桥从岛上通过。

东小骨牌岛 (Dōngxiǎogǔpái Dǎo)

北纬 28°42.9′，东经 121°51.1′。位于台州市临海市东部海域，属东矶列岛，距大陆最近点 18.44 千米。第二次全国海域地名普查时命今名。岸线长 96 米，面积 352 平方米。基岩岛。无植被。

矶爪礁 (Jīzhuǎ Jiāo)

北纬 28°42.8′，东经 121°55.9′。位于台州市临海市东部海域，东矶岛东约 80 米，属东矶列岛，距大陆最近点 25.75 千米。《浙江海岛志》（1998）记为 2146 号无名岛。《全国海岛名称与代码》（2008）记为无名岛 LHI38。2010 年浙江省人民政府公布的第一批无居民海岛名称为矶爪礁。因其位于东矶岛附近，东矶岛曾名东鸡山，此岛在"鸡爪"部位，故名。岸线长 90 米，面积 296 平方米，最高点高程 10 米。基岩岛。无植被。

横礁 (Héng Jiāo)

北纬 28°42.8′，东经 121°56.0′。位于台州市临海市东部海域，东矶岛东约 160 米，属东矶列岛，距大陆最近点 25.86 千米。《中国海洋岛屿简况》（1980）、《临海市地名志》（1986）、《浙江省海域地名录》（1988）、《中国海域地名志》（1989）、《浙江海岛志》（1998）、《全国海岛名称与代码》（2008）和 2010 年浙江省人民政府公布的第一批无居民海岛名称均记为横礁。因岛呈东西向长条形，故名。岸线长 402 米，面积 5 291 平方米，最高点高程 18 米。基岩岛，由上白垩统塘上组浅灰色凝灰岩构成。无植被。

东矶脚礁 (Dōngjījiǎo Jiāo)

北纬 28°42.8′，东经 121°55.7′。位于台州市临海市东部海域，东矶岛东约 15 米，属东矶列岛，距大陆最近点 25.47 千米。《浙江海岛志》（1998）记为 2148 号无名岛。《全国海岛名称与代码》（2008）记为无名岛 LHI39。2010 年浙江省人民政府公布的第一批无居民海岛名称记为东矶脚礁。因其位于东矶岛附近，又邻近矶爪礁，"爪"即"脚"，故名。岸线长 117 米，面积 763 平方米，最高点高程 10.4 米。基岩岛。无植被。

上盘长岛 (Shàngpán Chángdǎo)

北纬 28°42.7′，东经 121°54.9′。位于台州市临海市东部海域，东矶岛东约 150 米，属东矶列岛，距大陆最近点 24.37 千米。因岛形狭长，地处上盘镇，第二次全国海域地名普查时命今名。岸线长 122 米，面积 667 平方米。基岩岛。无植被。

小浦北岛 (Xiǎopǔ Běidǎo)

北纬 28°42.6′，东经 121°38.3′。位于台州市临海市东部海域，上盘镇白沙村南大陆滩，距南侧小浦屿约 300 米，距大陆最近点 20 米。因位于小浦屿北部，第二次全国海域地名普查时命今名。岸线长 143 米，面积 409 平方米。基岩岛。无植被。

北福礁 (Běifú Jiāo)

北纬 28°42.5′，东经 121°55.1′。位于台州市临海市东部海域，东矶岛东南约 5 米，属东矶列岛，距大陆最近点 24.81 千米。《浙江海岛志》（1998）记为 2149 号无名岛。《全国海岛名称与代码》（2008）记为无名岛 LHI40。2010 年浙江省人民政府公布的第一批无居民海岛名称为北福礁。因其相对西福礁靠北，故名。岸线长 120 米，面积 753 平方米，最高点高程 12.9 米。基岩岛。无植被。

西福礁 (Xīfú Jiāo)

北纬 28°42.5′，东经 121°55.1′。位于台州市临海市东部海域，东矶岛东南约 60 米，属东矶列岛，距大陆最近点 24.87 千米。《浙江海岛志》（1998）记为 2151 号无名岛。《全国海岛名称与代码》（2008）记为无名岛 LHI41。2010 年浙江省人民政府公布的第一批无居民海岛名称为西福礁。因其相对北福礁靠西，故名。岸线长 56 米，面积 224 平方米，最高点高程 14.1 米。基岩岛。长有草丛。

小浦屿 (Xiǎopǔ Yǔ)

北纬 28°42.5′，东经 121°38.2′。位于台州市临海市东部海域，上盘镇白沙村南侧大陆滩，距大陆最近点 340 米。又名小浦峙、小荸荠。《中国海洋岛屿简况》（1980）中记为小浦峙。《临海市地名志》（1986）、《浙江省海域地名录》（1988）、《中国海域地名志》（1989）、《浙江海岛志》（1998）、《全国海岛名称与代码》（2008）和 2010 年浙江省人民政府公布的第一批无居民海岛名称均记为小浦屿。因岛侧看形似荸荠，故名"小荸荠"，谐音演作小浦屿。岸线长 472 米，面积 0.010 7 平方千米，最高点高程 17.8 米。基岩岛，由上白垩统塘上组浅灰色凝灰岩构成。

黄狗礁 (Huánggǒu Jiāo)

北纬 28°42.4′，东经 121°55.9′。位于台州市临海市东部海域，东矶岛东南约 1.2 千米，西邻猢狲屿，属东矶列岛，距大陆最近点 26 千米。《浙江海岛志》（1998）记为 2153 号无名岛。《全国海岛名称与代码》（2008）记为无名岛 LHI43。《临海市地名志》（1986）和 2010 年浙江省人民政府公布的第一批无居民海岛名称均记为黄狗礁。因岛形似伏卧的黄狗，故名。岸线长 164 米，面积 1 782 平方米，最高点高程 6 米。基岩岛。无植被。

猢狲屿 (Húsūn Yǔ)

北纬 28°42.4′，东经 121°55.8′。位于台州市临海市东部海域，东矶岛东南约 900 米，属东矶列岛，距大陆最近点 25.77 千米。《中国海洋岛屿简况》（1980）、《临海市地名志》（1986）、《浙江省海域地名录》（1988）、《中国海域地名志》（1989）、《浙江海岛志》（1998）、《全国海岛名称与代码》（2008）和 2010 年浙江省人民政府公布的第一批无居民海岛名称均记为猢狲屿。因岛形状如蹲着的猢狲（猴子），故名。岸线长 770 米，面积 0.013 5 平方千米，最高点高程 41 米。基岩岛，由上白垩统塘上组浅灰色凝灰岩构成。长有灌木、草丛，栖海鸟等。附近海域水深 9～11 米，产虾及小鱼等。

东福山礁 (Dōngfúshān Jiāo)

北纬 28°42.4′，东经 121°55.2′。位于台州市临海市东部海域，东矶岛南约 30 米，属东矶列岛，距大陆最近点 25.02 千米。《浙江海岛志》（1998）记为 2155 号无名岛。《全国海岛名称与代码》（2008）记为无名岛 LHI44。2010 年 浙江省人民政府公布的第一批无居民海岛名称为东福山礁。因其相对西福礁靠 东，故名。岸线长 81 米，面积 411 平方米，最高点高程 12 米。基岩岛。无植被。

半边南岛 (Bànbiān Nándǎo)

北纬 28°42.2′，东经 121°51.6′。位于台州市临海市东部海域，属东矶列岛，距大陆最近点 19.62 千米。第二次全国海域地名普查时命今名。岸线长 65 米，面积 280 平方米。基岩岛。无植被。

东矶一岛 (Dōngjī Yīdǎo)

北纬 28°42.1′，东经 121°55.0′。位于台州市临海市东部海域，东矶岛南约 290 米，属东矶列岛，距大陆最近点 24.91 千米。因其是东矶岛附近几个小岛之一，按距东矶岛由远及近加序数，第二次全国海域地名普查时命今名。岸线长 45 米，面积 101 平方米。基岩岛。无植被。

东矶二岛 (Dōngjī Èrdǎo)

北纬 28°42.1′，东经 121°55.0′。位于台州市临海市东部海域，东矶岛南约 290 米，属东矶列岛，距大陆最近点 24.93 千米。因其是东矶岛附近几个小岛之一，按距东矶岛由远及近加序数，第二次全国海域地名普查时命今名。岸线长 49 米，面积 143 平方米。基岩岛。无植被。

东矶三岛 (Dōngjī Sāndǎo)

北纬 28°42.2′，东经 121°55.0′。位于台州市临海市东部海域，东矶岛南约 250 米，属东矶列岛，距大陆最近点 24.88 千米。因其是东矶岛附近几个小岛之一，按距东矶岛由远及近加序数，第二次全国海域地名普查时命今名。岸线长 135 米，面积 552 平方米。基岩岛。无植被。

东矶四岛 (Dōngjī Sìdǎo)

北纬 28°42.2′，东经 121°55.0′。位于台州市临海市东部海域，东矶岛南约

220 米，属东矶列岛，距大陆最近点 24.91 千米。因其是东矶岛附近几个小岛之一，按距东矶岛由远及近加序数，第二次全国海域地名普查时命今名。岸线长 77 米，面积 378 平方米。基岩岛。无植被。

猢狲头屿 (Húsūntóu Yǔ)

北纬 28°42.1′，东经 121°55.0′。位于台州市临海市东部海域，东矶岛南约 400 米，属东矶列岛，距大陆最近点 24.86 千米。《浙江海岛志》（1998）记为 2159 号无名岛。《全国海岛名称与代码》（2008）记为无名岛 LHI46。2010 年浙江省人民政府公布的第一批无居民海岛名称为猢狲头屿。因岛形状如猢狲的头，故名。岸线长 169 米，面积 1 703 平方米，最高点高程 15.6 米。基岩岛，由上白垩统塘上组浅灰色凝灰岩构成。无植被。

土地礁 (Tǔdì Jiāo)

北纬 28°42.1′，东经 121°54.7′。位于台洲市临海市东部海域，小东矶岛北约 10 米，属东矶列岛，距大陆最近点 24.54 千米。《浙江海岛志》（1998）记为 2160 号无名岛。《全国海岛名称与代码》（2008）记为无名岛 LHI47。2010 年浙江省人民政府公布的第一批无居民海岛名称为土地礁。因岛形状如端坐的土地公，故名。岸线长 78 米，面积 205 平方米，最高点高程 14.3 米。基岩岛。无植被。

水桶礁 (Shuǐtǒng Jiāo)

北纬 28°42.0′，东经 121°54.9′。位于台州市临海市东部海域，小东矶岛东北约 90 米，属东矶列岛，距大陆最近点 24.84 千米。《浙江海岛志》（1998）记为 2161 号无名岛。《全国海岛名称与代码》（2008）记为无名岛 LHI48。2010 年浙江省人民政府公布的第一批无居民海岛名称为水桶礁。因岛形状如水桶，故名。岸线长 173 米，面积 1 119 平方米，最高点高程 12 米。基岩岛。无植被。

南矶礁 (Nánjī Jiāo)

北纬 28°42.0′，东经 121°54.8′。位于台州市临海市东部海域，小东矶岛东北约 10 米，属东矶列岛，距大陆最近点 24.68 千米。《浙江海岛志》（1998）

记为 2163 号无名岛。《全国海岛名称与代码》（2008）记为无名岛 LHI49。2010 年浙江省人民政府公布的第一批无居民海岛名称为南矶礁。因其位于东矶岛南侧，故名。岸线长 93 米，面积 574 平方米，最高点高程 14.5 米。基岩岛。长有草丛。

矶心礁 (Jīxīn Jiāo)

北纬 28°42.0′，东经 121°54.9′。位于台州市临海市东部海域，小东矶岛东北约 30 米，属东矶列岛，距大陆最近点 24.8 千米。《浙江海岛志》（1998）记为 2164 号无名岛。《全国海岛名称与代码》（2008）记为无名岛 LHI50。2010 年浙江省人民政府公布的第一批无居民海岛名称为矶心礁。因其位于东矶岛与小东矶岛之间，故名。岸线长 371 米，面积 3 756 平方米，最高点高程 19.4 米。基岩岛。无植被。

小东矶岛 (Xiǎodōngjī Dǎo)

北纬 28°42.0′，东经 121°54.7′。位于台州市临海市东部海域，东矶岛南约 550 米，属东矶列岛，距大陆最近点 24.23 千米。曾名小东鸡，又名小东矶山。《中国海洋岛屿简况》（1980）记为小东矶山。《浙江省海域地名录》（1988）记为小东矶岛，曾名小东鸡。《临海市地名志》（1986）、《中国海域地名志》（1989）、《浙江海岛志》（1998）、《全国海岛名称与代码》（2008）和 2010 年浙江省人民政府公布的第一批无居民海岛名称均记为小东矶岛。因其靠近东矶岛且面积较小，故名。岸线长 2 千米，面积 0.112 3 平方千米，最高点高程 85.5 米。基岩岛，由上白垩统塘上组浅灰色凝灰岩构成。长有灌木、草丛，栖蛇、鼠等。

渡礁 (Dù Jiāo)

北纬 28°41.9′，东经 121°54.9′。位于台州市临海市东部海域，小东矶岛东南约 20 米，属东矶列岛，距大陆最近点 24.79 千米。又名老鹰尖。《中国海洋岛屿简况》（1980）记为老鹰尖。《浙江海岛志》（1998）记为 2165 号无名岛。《全国海岛名称与代码》（2008）记为无名岛 LHI51。2010 年浙江省人民政府公布的第一批无居民海岛名称为渡礁。因其相对附近小岛较大，方言"大""渡"同音，故名。岸线长 323 米，面积 4 728 平方米，最高点高程 22.5 米。基岩岛。

长有灌木、草丛。

二礁 (Èr Jiāo)

北纬 28°41.9′，东经 121°54.9′。位于台州市临海市东部海域，小东矶岛东南约 150 米，属东矶列岛，距大陆最近点 24.99 千米。《浙江海岛志》（1998）记为 2166 号无名岛。《全国海岛名称与代码》（2008）记为无名岛 LHI52。2010 年浙江省人民政府公布的第一批无居民海岛名称为二礁。与南面三礁相对而称，故名。岸线长 125 米，面积 881 平方米，最高点高程 18 米。基岩岛。无植被。

三礁 (Sān Jiāo)

北纬 28°41.8′，东经 121°54.9′。位于台州市临海市东部海域，小东矶岛东南约 180 米，属东矶列岛，距大陆最近点 25 千米。《浙江海岛志》（1998）记为 2169 号无名岛。《全国海岛名称与代码》（2008）记为无名岛 LHI54。2010 年浙江省人民政府公布的第一批无居民海岛名称为三礁。因与北面二礁相对而称，故名。岸线长 116 米，面积 974 平方米，最高点高程 26.1 米。基岩岛。无植被。

老鹰尖屿 (Lǎoyīngjiān Yǔ)

北纬 28°41.9′，东经 121°54.9′。位于台州市临海市东部海域，小东矶岛南约 90 米，属东矶列岛，距大陆最近点 24.82 千米。又名老鹰尖岛。《浙江海岛志》（1998）记为老鹰尖岛。《全国海岛名称与代码》（2008）记为无名岛 LHI53。2010 年浙江省人民政府公布的第一批无居民海岛名称为老鹰尖屿。因岛形如老鹰的喙一样尖，故名。岸线长 478 米，面积 7 957 平方米，最高点高程 42 米。基岩岛，由上白垩统塘上组浅灰色凝灰岩构成。无植被。

大鹰尖礁 (Dàyīngjiān Jiāo)

北纬 28°41.9′，东经 121°55.0′。位于台州市临海市东部海域，小东矶岛东南约 200 米，西邻老鹰尖屿，属东矶列岛，距大陆最近点 25.04 千米。《浙江海岛志》（1998）记为 2170 号无名岛。《全国海岛名称与代码》（2008）记为无名岛 LHI55。2010 年浙江省人民政府公布的第一批无居民海岛名称为大鹰尖礁。因其位于老鹰尖屿近旁，借用"鹰尖"命名，故名。岸线长 116 米，面积

974 平方米，最高点高程 26.1 米。基岩岛。无植被。

海鸥礁 (Hǎi'ōu Jiāo)

北纬 28°41.8′，东经 121°54.9′。位于台州市临海市东部海域，小东矶岛南约 170 米，属东矶列岛，距大陆最近点 24.88 千米。《浙江海岛志》（1998）记为 2172 号无名岛。《全国海岛名称与代码》（2008）记为无名岛 LHI57。2010年浙江省人民政府公布的第一批无居民海岛名称为海鸥礁。因岛形如展翅高飞的海鸥，故名。岸线长 100 米，面积 482 平方米，最高点高程 12 米。基岩岛。无植被。

小鹰尖礁 (Xiǎoyīngjiān Jiāo)

北纬 28°41.8′，东经 121°54.8′。位于台州市临海市东部海域，小东矶岛南约 170 米，属东矶列岛，距大陆最近点 24.82 千米。《浙江海岛志》（1998）记为 2171 号无名岛。《全国海岛名称与代码》（2008）记为无名岛 LHI56。2010年浙江省人民政府公布的第一批无居民海岛名称为小鹰尖礁。因其位于大鹰尖礁附近，相对较小，故名。岸线长 131 米，面积 656 平方米，最高点高程 22 米。基岩岛。无植被。

棉花屿 (Miánhuā Yǔ)

北纬 28°41.6′，东经 121°51.4′。位于台州市临海市东部海域，田岙岛南约 3.6千米，属东矶列岛，距大陆最近点 19.42 千米。《中国海洋岛屿简况》（1980）、《临海市地名志》（1986）、《浙江省海域地名录》（1988）、《中国海域地名志》（1989）、《浙江海岛志》（1998）、《全国海岛名称与代码》（2008）和 2010 年浙江省人民政府公布的第一批无居民海岛名称均记为棉花屿。因远看似一朵绽开的棉花漂浮在海面，故名。岸线长 263 米，面积 3 653 平方米，最高点高程 20.1 米。基岩岛，由上白垩统塘上组浅灰色凝灰岩构成。无植被。周围海域产鱼及虾。

南山头岛 (Nánshāntóu Dǎo)

北纬 28°41.5′，东经 121°45.7′。位于台州市临海市东部海域，上盘南山岛北约 25 米，属东矶列岛，距大陆最近点 10.29 千米。《浙江海岛志》（1998）记为 2178 号无名岛。《全国海岛名称与代码》（2008）记为无名岛 LHI58。位于上盘南山岛北侧，形若其头部，第二次全国海域地名普查时命今名。岸线长216米，面积2 949平方米，最高点高程12.5米。基岩岛。无植被。建有堤坝与头门岛相连。

鲈鱼礁 (Lúyú Jiāo)

北纬28°41.4′，东经121°51.4′。位于台州市临海市东部海域，田岙岛南约3.9千米，属东矶列岛，距大陆最近点19.49千米。《临海市地名志》（1986）和《浙江省海域地名录》（1988）记为鲈鱼礁。因岛呈长条形，东西走向，形如鲈鱼，故名。岸线长104米，面积537平方米，最高点高程3.4米。基岩岛。无植被。建有航标灯塔1座。

上盘南山岛 (Shàngpán Nánshān Dǎo)

北纬28°41.4′，东经121°45.5′。位于台州市临海市东部海域，头门岛西约180米，属东矶列岛，距大陆最近点9.73千米。又名南山、南山岛。《中国海洋岛屿简况》（1980）中记为南山。《临海市地名志》（1986）、《浙江省海域地名录》（1988）、《中国海域地名志》（1989）、《浙江海岛志》（1998）、《全国海岛名称与代码》（2008）均记为南山岛。因岛位于头门村大沙头南方，得名南山岛。因与宁波市象山县南山岛重名，第二次全国海域地名普查时以其位于上盘镇更为今名。岸线长2.22千米，面积0.121 7平方千米，最高点高程58米。基岩岛，由上白垩统塘上组浅灰色凝灰岩构成。长有黑松、灌木、草丛，栖蛇、鼠等。经填海连岛，已与头门岛相连。西南侧建有码头1座。

小南山岛 (Xiǎonánshān Dǎo)

北纬28°41.3′，东经121°45.6′。位于台州市临海市东部海域，头门岛西南约150米，属东矶列岛，距大陆最近点10.29千米。又名南山礁。《临海市地名志》（1986）和《浙江省海域地名录》（1988）记为南山礁。"南山礁"系误用附近一低潮高地之名，第二次全国海域地名普查时更为今名。因其位于上盘南山岛东侧，面积较之小，故名。岸线长31米，面积44平方米，最高点高程2.8米。基岩岛。无植被。

头门岛 (Tóumén Dǎo)

北纬 28°41.3′，东经 121°46.9′。位于台州市临海市东部海域，台州湾北侧，东矶列岛西南，距上盘镇约 18 千米，为东矶列岛主岛之一，距大陆最近点 9.94 千米。又名头门山。《中国海洋岛屿简况》（1980）记为头门山。《浙江省海域地名录》（1988）、《临海市地名志》（1986）、《中国海域地名志》（1989）、《浙江古今地名词典》（1990）、《浙江海岛志》（1998）、《全国海岛名称与代码》（2008）均记为头门岛。因其是椒江口、台州湾出海所经第一个"门头"（方言，意为出海的通道），故名。

岸线长 28.91 千米，面积 3.717 3 平方千米，最高点高程 205.8 米。基岩岛，岩石为上白垩统塘上组凝灰岩，并见流纹斑岩、花岗斑岩等岩脉，分上截山和下截山两部分。表土较厚，植被主要有小竹、黑松、木麻黄等。有居民海岛，隶属临海市，岛上设头门行政村。2009 年 12 月户籍人口 243 人，常住人口 243 人。居民以捕捞业为主，兼水产品加工，种植番薯、麦、豆、蔬菜，饲养猪、牛、羊等。岛上建有水井多口，可供日常用水。西南侧有码头，小型船舶可候潮靠岸。处于台州中心港区位置，附近海域水深条件良好，被规划为"台州港的中心枢纽港区"。

木杓头岛 (Mùsháotóu Dǎo)

北纬 28°41.3′，东经 121°45.1′。位于台州市临海市东部海域，头门岛西南约 1 千米，属东矶列岛，距大陆最近点 9.58 千米。《临海市地名志》（1986）、《浙江省海域地名录》（1988）、《中国海域地名志》（1989）、《浙江海岛志》（1998）、《全国海岛名称与代码》（2008）均记为木杓头岛。因岛体呈东北—西南走向，形如舀水用的木杓（勺），故名。岸线长 388 米，面积 4 709 平方米，最高点高程 22.8 米。基岩岛，由上白垩统塘上组浅灰色凝灰岩构成。长有灌木、草丛。附近海域水深 7～9 米，产黄鱼、墨鱼、鲳鱼、带鱼、米鱼及虾类等。

西黄狗岛 (Xīhuánggǒu Dǎo)

北纬 28°40.8′，东经 121°53.3′。位于台州市临海市东部海域，东矶岛西南约 3.8 千米，属东矶列岛，距大陆最近点 22.71 千米。又名黄狗礁。《中国海域地名图集》（1991）记为黄狗礁。因与本市内黄狗礁重名，且位于其西侧，第二次全国海域地名普查时更为今名。岸线长 153 米，面积 1 135 平方米，最高点高程 3.6 米。基岩岛。无植被。

点灯南岛 (Diǎndēng Nándǎo)

北纬 28°40.4′，东经 121°46.0′。位于台州市临海市东部海域，属东矶列岛，距大陆最近点 11.52 千米。因位于点灯礁南面，第二次全国海域地名普查时命今名。岸线长 74 米，面积 275 平方米。基岩岛。无植被。

点灯礁 (Diǎndēng Jiāo)

北纬 28°40.4′，东经 121°46.0′。位于台州市临海市东部海域，属东矶列岛，距大陆最近点 11.51 千米。又名点灯。《中国海洋岛屿简况》（1980）记为点灯。《临海市地名志》（1986）和《浙江省海域地名录》（1988）记为点灯礁。岸线长 153 米，面积 414 平方米，最高点高程 5.4 米。基岩岛。无植被。

长江水礁 (Chángjiāngshuǐ Jiāo)

北纬 28°40.4′，东经 121°53.9′。位于台州市临海市东部海域，棚一峙岛东约 360 米，属五棚屿（群岛），距大陆最近点 23.79 千米。《临海市地名志》（1986）和《浙江省海域地名录》（1988）记为长江水礁。因有海流从五棚屿来，川流不息如长江水，故名。岸线长 109 米，面积 737 平方米，最高点高程 4.4 米。基岩岛。无植被。

棚一峙岛 (Péngyīzhì Dǎo)

北纬 28°40.3′，东经 121°53.6′。位于台州市临海市东部海域，东矶岛西南约 4.1 千米，属五棚屿（群岛），距大陆最近点 23.14 千米。又名五棚屿、棚一屿。《中国海洋岛屿简况》（1980）、《临海市地名志》（1986）均记为五棚屿。《浙江省海域地名录》（1988）、《中国海域地名志》（1989）、《浙江海岛志》（1998）、《全国海岛名称与代码》（2008）均记为棚一屿。2010 年浙江省人民政府公布的第一批无居民海岛名称为棚一峙岛。因其为五棚屿（群岛）中最大的海岛，故名。岸线长 1.53 千米，面积 0.070 2 平方千米，最高点高程 38.4 米。基岩岛，由上白垩统塘上组浅灰色凝灰岩构成。长有灌木、草丛，栖蛇、鼠等。

岛上有多个天然洞穴，搭有渔民临时居所，顶部建有航标灯塔 1 座。

棚二屿 (Péng'èr Yǔ)

北纬 28°40.4′，东经 121°53.5′。位于台州市临海市东部海域，棚一峙岛西北约 10 米，属五棚屿（群岛），距大陆最近点 22.08 千米。《浙江省海域地名录》（1988）、《中国海域地名志》（1989）、《浙江海岛志》（1998）、《全国海岛名称与代码》（2008）和 2010 年浙江省人民政府公布的第一批无居民海岛名称均记为棚二屿。因其是五棚屿（群岛）主岛之一，加序数得名。岸线长 339 米，面积 5 847 平方米，最高点高程 21.1 米。基岩岛，由上白垩统塘上组浅灰色凝灰岩构成。长有草丛。附近海域水深 11～13 米，产虾及小鱼。

棚三屿 (Péngsān Yǔ)

北纬 28°40.2′，东经 121°53.7′。位于台州市临海市东部海域，棚一峙岛南约 25 米，属五棚屿（群岛），距大陆最近点 23.47 千米。《全国海岛名称与代码》（2008）中记为无名岛 LHI61。《浙江省海域地名录》（1988）、《中国海域地名志》（1989）、《浙江海岛志》（1998）和 2010 年浙江省人民政府公布的第一批无居民海岛名称均记为棚三屿。因其是五棚屿（群岛）主岛之一，加序数得名。岸线长 223 米，面积 3 546 平方米，最高点高程 31.6 米。基岩岛，由上白垩统塘上组浅灰色凝灰岩构成。无植被。附近海域水深 11～13 米，产虾及小鱼。

棚四屿 (Péngsì Yǔ)

北纬 28°40.2′，东经 121°53.6′。位于台州市临海市东部海域，棚一峙岛南约 50 米，属五棚屿（群岛），距大陆最近点 23.38 千米。《全国海岛名称与代码》（2008）记为无名岛 LHI62。《浙江省海域地名录》（1988）、《中国海域地名志》（1989）、《浙江海岛志》（1998）和 2010 年浙江省人民政府公布的第一批无居民海岛名称均记为棚四屿。因其是五棚屿（群岛）主岛之一，加序数得名。岸线长 429 米，面积 8 221 平方米，最高点高程 7 米。基岩岛，由上白垩统塘上组浅灰色凝灰岩构成。无植被。

棚五屿 (Péngwǔ Yǔ)

北纬 28°40.1′，东经 121°53.7′。位于台州市临海市东部海域，棚一峙岛东南约 150 米，属五棚屿（群岛），距大陆最近点 23.61 千米。又名五棚屿。《临海市地名志》（1986）记为五棚屿。《浙江省海域地名录》（1988）、《中国海域地名志》（1989）、《浙江海岛志》（1998）、《全国海岛名称与代码》（2008）和 2010 年浙江省人民政府公布的第一批无居民海岛名称均记为棚五屿。因其是五棚屿（群岛）主岛之一，加序数得名。岸线长 385 米，面积 0.010 7 平方千米，最高点高程 31.3 米。基岩岛，由上白垩统塘上组浅灰色凝灰岩构成。长有灌木、草丛，栖蛇、鼠等。附近海域水深约 11 米，产虾及小鱼。

棚六岛 (Péngliù Dǎo)

北纬 28°40.3′，东经 121°53.7′。位于台州市临海市东部海域，棚一峙岛东约 20 米，属五棚屿（群岛），距大陆最近点 23.48 千米。因其是五棚屿（群岛）中较大的海岛，加序数，第二次全国海域地名普查时命今名。岸线长 125 米，面积 1 027 平方米。基岩岛。无植被。

棚中礁 (Péngzhōng Jiāo)

北纬 28°40.2′，东经 121°53.7′。位于台州市临海市东部海域，棚一峙岛东南约 150 米，属五棚屿（群岛），距大陆最近点 23.62 千米。《浙江海岛志》（1998）记为 2189 号无名岛。《全国海岛名称与代码》（2008）记为无名岛 LHI63。2010 年浙江省人民政府公布的第一批无居民海岛名称为棚中礁。因其位于棚五屿和棚三屿之间，故名。岸线长 123 米，面积 732 平方米，最高点高程 13.7 米。基岩岛。无植被。

棚中北岛 (Péngzhōng Běidǎo)

北纬 28°40.2′，东经 121°53.7′。位于台州市临海市东部海域，棚一峙岛东南约 140 米，属五棚屿（群岛），距大陆最近点 23.62 千米。因位于棚中礁北侧，第二次全国海域地名普查时命今名。岸线长 32 米，面积 46 平方米。基岩岛。无植被。

棚五东岛 (Péngwǔ Dōngdǎo)

北纬 28°40.1′，东经 121°53.8′。位于台州市临海市东部海域，棚一峙岛东南约 300 米，属五棚屿（群岛），距大陆最近点 23.75 千米。因位于棚五屿东侧，第二次全国海域地名普查时命今名。岸线长 86 米，面积 495 平方米。基岩岛。无植被。

牛屙屿 (Niú'ē Yǔ)

北纬 28°39.1′，东经 121°47.6′。位于台州市临海市东部海域，头门岛南约 3.4 千米，距大陆最近点 14.86 千米。曾名牛屙礁，又名小茶花。《中国海洋岛屿简况》（1980）记为小茶花。《临海市地名志》（1986）、《浙江省海域地名录》（1988）、《中国海域地名志》（1989）均记为牛屙屿，曾名牛屙礁。《浙江海岛志》（1998）、《全国海岛名称与代码》（2008）和 2010 年浙江省人民政府公布的第一批无居民海岛名称均记为牛屙屿。因岛形似牛粪堆，方言称"牛粪"为"牛屙"，故名。岸线长 258 米，面积 3 831 平方米，最高点高程 13.1 米。基岩岛，由上白垩统塘上组浅灰色凝灰岩构成。无植被。栖海鸟等。

小茶花南岛 (Xiǎocháhuā Nándǎo)

北纬 28°38.7′，东经 121°47.3′。位于台州市临海市东部海域，属东矶列岛，距大陆最近点 14.93 千米。第二次全国海域地名普查时命今名。岸线长 55 米，面积 152 平方米。基岩岛。无植被。

附录一

《中国海域海岛地名志·浙江卷》未入志海域名录[①]

一、海湾

标准名称	汉语拼音	行政区	地理位置	
			北纬	东经
大牛角湾	Dàniújiǎo Wān	浙江省宁波市象山县	29°36.8′	122°01.2′
浑水塘湾	Húnshuǐtáng Wān	浙江省宁波市象山县	29°36.5′	122°01.2′
爵溪湾	Juéxī Wān	浙江省宁波市象山县	29°30.0′	121°57.4′
螺球湾	Luóqiú Wān	浙江省宁波市象山县	29°27.7′	122°11.0′
官船湾	Guānchuán Wān	浙江省宁波市象山县	29°27.4′	122°11.1′
白沙湾	Báishā Wān	浙江省宁波市象山县	29°26.8′	121°58.6′
流水坑湾	Liúshuǐkēng Wān	浙江省宁波市象山县	29°26.4′	122°13.0′
东沙澳	Dōngshā Ào	浙江省宁波市象山县	29°26.0′	121°57.9′
花洞岙湾	Huādòng'ào Wān	浙江省宁波市象山县	29°26.0′	122°12.3′
燥谷仓湾	Zàogǔcāng Wān	浙江省宁波市象山县	29°25.8′	122°12.1′
南韭山西北大湾	Nánjiǔshān Xīběi Dàwān	浙江省宁波市象山县	29°25.8′	122°11.4′
南韭山东南大湾	Nánjiǔshān Dōngnán Dàwān	浙江省宁波市象山县	29°25.7′	122°12.5′
大潭湾	Dàtán Wān	浙江省宁波市象山县	29°25.5′	122°11.1′
捣臼湾	Dǎojiù Wān	浙江省宁波市象山县	29°25.5′	122°10.6′
乌贼湾	Wūzéi Wān	浙江省宁波市象山县	29°25.0′	122°10.7′
大漠北湾	Dàmò Běiwān	浙江省宁波市象山县	29°24.8′	122°00.5′
大漠东湾	Dàmò Dōngwān	浙江省宁波市象山县	29°24.6′	122°00.9′
大漠西南湾	Dàmò Xīnánwān	浙江省宁波市象山县	29°24.4′	122°00.7′
石米湾	Shímǐ Wān	浙江省宁波市象山县	29°20.1′	121°56.9′
李氏湾	Lǐshì Wān	浙江省宁波市象山县	29°12.4′	121°57.7′
风箱湾	Fēngxiāng Wān	浙江省宁波市象山县	29°12.4′	122°02.4′

[①] 根据2018年6月8日民政部、国家海洋局发布的《中国部分海域海岛标准名称》整理。

标准名称	汉语拼音	行政区	地理位置	
			北纬	东经
小庙背后湾	Xiǎomiào Bèihòu Wān	浙江省宁波市象山县	29°12.2′	121°57.7′
岙门口	Àomén Kǒu	浙江省宁波市象山县	29°12.1′	122°02.1′
黄泥崩湾	Huángníbēng Wān	浙江省宁波市象山县	29°12.0′	121°58.0′
大崩阔湾	Dàbēngkuò Wān	浙江省宁波市象山县	29°11.8′	122°03.0′
黄沙湾	Huángshā Wān	浙江省宁波市象山县	29°11.1′	121°58.4′
白马湾	Báimǎ Wān	浙江省宁波市象山县	29°10.9′	122°02.8′
洋船湾	Yángchuán Wān	浙江省宁波市象山县	29°10.6′	122°03.7′
沙腰湾	Shāyāo Wān	浙江省宁波市象山县	29°10.1′	122°00.8′
双宫岙	Shuānggōng Ào	浙江省宁波市象山县	29°10.0′	122°02.4′
磬沙窟湾	Qìngshākū Wān	浙江省宁波市象山县	29°09.9′	122°02.7′
孙孔湾	Sūnkǒng Wān	浙江省宁波市象山县	29°09.4′	122°01.5′
大沙湾	Dàshā Wān	浙江省宁波市象山县	29°08.6′	121°58.6′
昌了湾	Chāngle Wān	浙江省宁波市象山县	29°08.3′	121°58.6′
小湾	Xiǎo Wān	浙江省宁波市象山县	29°08.1′	121°58.8′
平岩头湾	Píngyántóu Wān	浙江省宁波市象山县	29°07.7′	121°58.7′
华云湾	Huáyún Wān	浙江省宁波市象山县	29°07.2′	121°58.9′
山沙湾	Shānshā Wān	浙江省宁波市象山县	29°06.7′	121°52.8′
胡宝洞澳	Húbǎodòng Ào	浙江省宁波市象山县	29°06.6′	121°53.7′
黄沙岙	Huángshā Ào	浙江省宁波市象山县	29°06.4′	121°52.2′
丁板岙	Dīngbǎn Ào	浙江省宁波市象山县	29°06.0′	121°51.9′
锅湾	Guō Wān	浙江省宁波市象山县	29°05.9′	121°58.4′
直落岙	Zhíluò Ào	浙江省宁波市象山县	29°05.6′	121°50.9′
田蟹坑湾	Tiánxièkēng Wān	浙江省宁波市象山县	29°05.5′	121°51.3′
龙头坑湾	Lóngtóukēng Wān	浙江省宁波市象山县	29°05.1′	121°47.8′
后冲湾	Hòuchōng Wān	浙江省宁波市象山县	29°05.0′	121°50.0′
软澳	Ruǎn Ào	浙江省宁波市象山县	29°04.8′	121°49.9′
倒船湾	Dàochuán Wān	浙江省宁波市象山县	29°04.5′	121°50.2′
黄泥岙	Huángní Ào	浙江省宁波市象山县	29°04.5′	121°47.8′

标准名称	汉语拼音	行政区	地理位置	
			北纬	东经
高度岙	Gāodù Ào	浙江省宁波市象山县	29°04.3′	121°48.2′
青水岙	Qīngshuǐ Ào	浙江省宁波市象山县	29°04.2′	121°49.9′
倒船澳	Dàochuán Ào	浙江省宁波市象山县	29°04.0′	121°57.5′
花岙	Huā Ào	浙江省宁波市象山县	29°03.8′	121°48.7′
天作塘湾	Tiānzuòtáng Wān	浙江省宁波市象山县	29°03.8′	121°49.9′
后沙头湾	Hòushātóu Wān	浙江省宁波市象山县	29°03.7′	121°57.5′
小花岙	Xiǎohuā Ào	浙江省宁波市象山县	29°03.5′	121°49.0′
脉脚岙	Pāijiǎo Ào	浙江省宁波市象山县	29°03.4′	121°49.8′
打鱼澳	Dǎyú Ào	浙江省温州市洞头县	28°00.5′	121°04.1′
棺材大澳	Guāncai Dà'ào	浙江省温州市洞头县	27°59.0′	121°04.8′
西沙澳	Xīshā Ào	浙江省温州市洞头县	27°59.0′	121°05.7′
马澳	Mǎ Ào	浙江省温州市洞头县	27°58.9′	121°07.4′
畚箕澳	Běnjī Ào	浙江省温州市洞头县	27°58.4′	121°07.9′
观音礁澳	Guānyīnjiāo Ào	浙江省温州市洞头县	27°57.6′	121°08.2′
状元澳	Zhuàngyuan Ào	浙江省温州市洞头县	27°53.7′	121°07.5′
想思澳	Xiǎngsī Ào	浙江省温州市洞头县	27°53.6′	121°08.6′
网寮澳	Wǎngliáo Ào	浙江省温州市洞头县	27°52.7′	121°02.4′
澳底湾	Àodǐ Wān	浙江省温州市洞头县	27°52.2′	121°04.9′
胜利澳	Shènglì Ào	浙江省温州市洞头县	27°52.0′	121°11.1′
桐澳	Tóng Ào	浙江省温州市洞头县	27°52.0′	121°03.7′
大背澳	Dàbèi Ào	浙江省温州市洞头县	27°51.2′	121°04.1′
东郎澳	Dōngláng Ào	浙江省温州市洞头县	27°51.1′	121°02.3′
正澳	Zhèng Ào	浙江省温州市洞头县	27°51.0′	121°01.4′
官财澳	Guāncái Ào	浙江省温州市洞头县	27°50.9′	121°03.6′
东沙港	Dōngshā Gǎng	浙江省温州市洞头县	27°50.6′	121°10.5′
垄头澳	Lǒngtóu Ào	浙江省温州市洞头县	27°50.0′	121°10.4′
白叠澳	Báidié Ào	浙江省温州市洞头县	27°49.6′	121°05.8′
白露门	Báilùmén	浙江省温州市洞头县	27°47.9′	121°07.6′

标准名称	汉语拼音	行政区	地理位置	
			北纬	东经
国姓澳	Guóxìng Ào	浙江省温州市平阳县	27°28.7′	121°03.6′
火焜澳	Huǒkūn Ào	浙江省温州市平阳县	27°27.4′	121°05.4′
南麂港	Nánjǐ Gǎng	浙江省温州市平阳县	27°27.4′	121°04.3′
炎亭湾	Yántíng Wān	浙江省温州市苍南县	27°26.7′	120°39.1′
牛鼻澳	Niúbí Ào	浙江省温州市苍南县	27°24.5′	120°38.5′
石澳	Shí Ào	浙江省温州市苍南县	27°23.8′	120°38.6′
赤溪港	Chìxī Gǎng	浙江省温州市苍南县	27°20.0′	120°31.6′
流岐澳	Liúqí Ào	浙江省温州市苍南县	27°19.4′	120°32.7′
长岩澳	Chángyán Ào	浙江省温州市苍南县	27°19.2′	120°33.4′
深湾	Shēn Wān	浙江省温州市苍南县	27°18.7′	120°33.4′
信智港	Xìnzhì Gǎng	浙江省温州市苍南县	27°18.2′	120°32.9′
风湾	Fēng Wān	浙江省温州市苍南县	27°17.5′	120°33.0′
头缯澳	Tóuzēng Ào	浙江省温州市苍南县	27°11.5′	120°27.5′
三星澳	Sānxīng Ào	浙江省温州市苍南县	27°11.3′	120°27.6′
南坪澳	Nánpíng Ào	浙江省温州市苍南县	27°11.0′	120°29.5′
义吾澳	Yìwú Ào	浙江省温州市苍南县	27°10.7′	120°29.3′
归儿澳	Guī'ér Ào	浙江省温州市苍南县	27°10.4′	120°29.0′
大己澳	Dàjǐ Ào	浙江省温州市苍南县	27°09.6′	120°31.0′
己澳	Jǐ Ào	浙江省温州市苍南县	27°09.1′	120°31.2′
东澳	Dōng Ào	浙江省温州市瑞安市	27°38.8′	120°49.7′
大峡湾	Dàxiá Wān	浙江省温州市瑞安市	27°38.1′	121°12.7′
壳菜澳	Kēcài Ào	浙江省温州市瑞安市	27°38.0′	121°12.3′
北坑澳	Běikēng Ào	浙江省温州市瑞安市	27°38.0′	121°10.4′
淡菜澳	Dàncài Ào	浙江省温州市瑞安市	27°37.8′	121°12.1′
东龙澳	Dōnglóng Ào	浙江省温州市瑞安市	27°37.7′	121°10.2′
娘娘澳	Niángniáng Ào	浙江省温州市瑞安市	27°37.3′	121°11.7′
北裤裆澳	Běi Kùdāng Ào	浙江省温州市瑞安市	27°37.3′	121°12.6′
长澳	Cháng Ào	浙江省温州市瑞安市	27°36.9′	121°13.4′

标准名称	汉语拼音	行政区	地理位置	
			北纬	东经
清水澳	Qīngshuǐ Ào	浙江省温州市瑞安市	27°36.9′	121°13.0′
南裤裆澳	Nán Kùdāng Ào	浙江省温州市瑞安市	27°36.7′	121°12.2′
六里湾	Liùlǐ Wān	浙江省嘉兴市平湖市	30°38.0′	121°09.4′
东沙湾	Dōngshā Wān	浙江省嘉兴市平湖市	30°36.7′	121°08.7′
西沙湾	Xīshā Wān	浙江省嘉兴市平湖市	30°36.1′	121°08.4′
山湾	Shān Wān	浙江省嘉兴市平湖市	30°35.6′	121°05.3′
樟州港	Zhāngzhōu Gǎng	浙江省舟山市普陀区	29°55.0′	122°25.0′
塔湾	Tǎ Wān	浙江省舟山市普陀区	29°49.0′	122°18.3′
虾峙港	Xiāzhì Gǎng	浙江省舟山市普陀区	29°45.3′	122°14.0′
河泥漕港	Hénícáo Gǎng	浙江省舟山市普陀区	29°44.5′	122°18.1′
苍洞湾	Cāngdòng Wān	浙江省舟山市普陀区	29°40.0′	122°09.0′
田岙湾	Tián'ào Wān	浙江省舟山市普陀区	29°39.8′	122°10.2′
龙潭岙	Lóngtán Ào	浙江省舟山市岱山县	30°25.5′	122°21.2′
挈网坑湾	Qièwǎngkēng Wān	浙江省舟山市岱山县	30°20.5′	121°58.9′
大东岙湾	Dàdōng'ào Wān	浙江省舟山市岱山县	30°19.7′	121°58.5′
翁沙里湾	Wēngshālǐ Wān	浙江省舟山市岱山县	30°18.9′	121°55.4′
塘旋湾	Tángxuán Wān	浙江省舟山市岱山县	30°18.6′	121°55.7′
龙峙岙湾	Lóngzhì'ào Wān	浙江省舟山市岱山县	30°18.1′	121°58.0′
前沙头湾	Qiánshātóu Wān	浙江省舟山市岱山县	30°17.7′	121°57.6′
鬓坑湾	Bèngkēng Wān	浙江省舟山市岱山县	30°15.7′	122°24.5′
大长涂山岛南沙头湾	Dàchángtúshāndǎo Nánshātóu Wān	浙江省舟山市岱山县	30°14.0′	122°17.7′
北岙湾	Běi'ào Wān	浙江省舟山市岱山县	30°13.8′	122°29.3′
东坑湾	Dōngkēng Wān	浙江省舟山市岱山县	30°13.8′	122°31.6′
西沙头湾	Xīshātóu Wān	浙江省舟山市岱山县	30°13.6′	122°28.5′
大岙	Dà Ào	浙江省舟山市岱山县	30°12.2′	122°35.1′
南小岙	Nán Xiǎo'ào	浙江省舟山市岱山县	30°12.1′	122°35.1′
西湾	Xī Wān	浙江省舟山市嵊泗县	30°51.2′	122°40.2′

标准名称	汉语拼音	行政区	地理位置	
			北纬	东经
南湾	Nán Wān	浙江省舟山市嵊泗县	30°50.9′	122°41.8′
南岙湾	Nán'ào Wān	浙江省舟山市嵊泗县	30°46.8′	122°47.3′
后头湾	Hòutou Wān	浙江省舟山市嵊泗县	30°43.9′	122°49.2′
后滩湾	Hòutān Wān	浙江省舟山市嵊泗县	30°43.5′	122°27.9′
箱子岙湾	Xiāngzǐ'ào Wān	浙江省舟山市嵊泗县	30°43.4′	122°48.3′
干斜岙湾	Gānxié'ào Wān	浙江省舟山市嵊泗县	30°43.0′	122°45.5′
大玉湾	Dàyù Wān	浙江省舟山市嵊泗县	30°42.7′	122°49.2′
北港	Běi Gǎng	浙江省舟山市嵊泗县	30°40.2′	122°33.2′
南港	Nán Gǎng	浙江省舟山市嵊泗县	30°39.4′	122°33.8′
东湾	Dōng Wān	浙江省舟山市嵊泗县	30°37.0′	122°08.7′
山塘湾	Shāntáng Wān	浙江省舟山市嵊泗县	30°35.5′	122°01.7′
浪通门避风港	Làngtōngmén Bìfēng Gǎng	浙江省台州市椒江区	28°27.5′	121°54.5′
坎门湾	Kǎnmén Wān	浙江省台州市玉环市	28°04.6′	121°15.0′
鲜迭港	Xiāndié Gǎng	浙江省台州市玉环市	28°02.5′	121°10.0′
洋市湾	Yángshì Wān	浙江省台州市三门县	29°02.1′	121°39.9′
大域湾	Dàyù Wān	浙江省台州市三门县	28°57.8′	121°42.0′
山后湾	Shānhòu Wān	浙江省台州市三门县	28°57.0′	121°42.8′
三娘湾	Sānniáng Wān	浙江省台州市三门县	28°56.3′	121°43.0′
秤钩湾	Chènggōu Wān	浙江省台州市三门县	28°54.3′	121°41.6′
彰化湾	Zhānghuà Wān	浙江省台州市三门县	28°53.3′	121°40.8′
篾爿澳	Mièpán Ào	浙江省台州市温岭市	28°22.8′	121°38.8′
水桶澳	Shuǐtǒng Ào	浙江省台州市温岭市	28°20.9′	121°39.3′
车关北湾	Chēguān Běiwān	浙江省台州市温岭市	28°16.6′	121°37.2′
车关南湾	Chēguān Nánwān	浙江省台州市温岭市	28°16.2′	121°37.2′
下港	Xià Gǎng	浙江省台州市临海市	28°48.7′	121°40.3′
清水岙	Qīngshuǐ Ào	浙江省台州市临海市	28°47.7′	121°51.5′
小坑澳	Xiǎokēng Ào	浙江省台州市临海市	28°46.0′	121°49.4′

标准名称	汉语拼音	行政区	地理位置	
			北纬	东经
倒水澳	Dàoshuǐ Ào	浙江省台州市临海市	28°45.5′	121°53.6′
网对岙	Wǎngduì Ào	浙江省台州市临海市	28°44.2′	121°50.9′
黄夫岙	Huángfū Ào	浙江省台州市临海市	28°43.8′	121°51.2′
倒退流湾	Dàotuìliú Wān	浙江省台州市临海市	28°43.6′	121°51.8′

二、水道

标准名称	汉语拼音	行政区	地理位置	
			北纬	东经
汀子门	Tīngzǐ Mén	浙江省	29°45.8′	122°00.1′
荷叶港	Héyè Gǎng	浙江省宁波市北仑区	29°58.6′	121°48.4′
蛟门	Jiāo Mén	浙江省宁波市北仑区	29°58.1′	121°48.3′
穿山港	Chuānshān Gǎng	浙江省宁波市北仑区	29°54.9′	121°55.5′
横江	Héng Jiāng	浙江省宁波市北仑区	29°54.7′	122°00.0′
上洋门	Shàngyáng Mén	浙江省宁波市北仑区	29°54.5′	122°01.2′
水礁门	Shuǐjiāo Mén	浙江省宁波市北仑区	29°54.2′	122°00.8′
外峙江	Wàizhì Jiāng	浙江省宁波市北仑区	29°53.2′	122°01.3′
牛轭港	Niú'è Gǎng	浙江省宁波市北仑区	29°53.2′	122°00.5′
外干门	Wàigān Mén	浙江省宁波市象山县	29°38.0′	121°57.4′
白墩港	Báidūn Gǎng	浙江省宁波市象山县	29°32.3′	121°48.5′
高泥港	Gāoní Gǎng	浙江省宁波市象山县	29°32.3′	121°45.4′
山下港	Shānxià Gǎng	浙江省宁波市象山县	29°32.1′	121°46.8′
墙头港	Qiángtóu Gǎng	浙江省宁波市象山县	29°32.1′	121°46.9′
洋北港	Yángběi Gǎng	浙江省宁波市象山县	29°30.8′	121°48.1′
黄溪港	Huángxī Gǎng	浙江省宁波市象山县	29°30.0′	121°47.7′
垟头港	Yángtóu Gǎng	浙江省宁波市象山县	29°30.0′	121°47.2′
里竹门	Lǐzhú Mén	浙江省宁波市象山县	29°27.9′	122°13.4′
中竹门	Zhōngzhú Mén	浙江省宁波市象山县	29°27.9′	122°14.0′
牛鞲门	Niú'àng Mén	浙江省宁波市象山县	29°27.9′	122°12.8′

标准名称	汉语拼音	行政区	地理位置	
			北纬	东经
外竹门	Wàizhú Mén	浙江省宁波市象山县	29°27.9′	122°14.6′
双山门	Shuāngshān Mén	浙江省宁波市象山县	29°27.2′	122°11.8′
龙洞门	Lóngdòng Mén	浙江省宁波市象山县	29°24.8′	121°58.2′
蚊虫山门	Wénchóngshān Mén	浙江省宁波市象山县	29°24.6′	122°10.6′
蟹钳港	Xièqián Gǎng	浙江省宁波市象山县	29°20.7′	121°47.5′
关头埠水道	Guāntóubù Shuǐdào	浙江省宁波市象山县	29°19.6′	121°49.3′
马岙门	Mǎ'ào Mén	浙江省宁波市象山县	29°18.0′	121°47.0′
崇门头	Chóng Méntóu	浙江省宁波市象山县	29°17.5′	121°48.1′
干门港	Gānmén Gǎng	浙江省宁波市象山县	29°14.1′	121°58.2′
铜头门	Tóngtóu Mén	浙江省宁波市象山县	29°13.8′	121°59.8′
象山乌龟门	Xiàngshān Wūguī Mén	浙江省宁波市象山县	29°11.3′	121°56.9′
象山中门	Xiàngshān Zhōngmén	浙江省宁波市象山县	29°11.3′	121°56.7′
边门	Biān Mén	浙江省宁波市象山县	29°11.2′	121°56.4′
石烂门	Shílàn Mén	浙江省宁波市象山县	29°09.6′	121°58.6′
乌岩港	Wūyán Gǎng	浙江省宁波市象山县	29°08.4′	121°52.2′
珠门港	Zhūmén Gǎng	浙江省宁波市象山县	29°06.5′	121°47.0′
金高椅港	Jīngāoyǐ Gǎng	浙江省宁波市象山县	29°05.8′	121°49.8′
老爷门	Lǎoyé Mén	浙江省宁波市象山县	29°03.5′	121°47.8′
金七门	Jīnqī Mén	浙江省宁波市象山县	29°03.0′	121°56.8′
青水门	Qīngshuǐ Mén	浙江省宁波市宁海县	29°29.9′	121°35.3′
铜山门	Tóngshān Mén	浙江省宁波市宁海县	29°29.4′	121°34.4′
石沿港	Shíyán Gǎng	浙江省宁波市奉化市	29°33.5′	121°40.9′
桐南港	Tóngnán Gǎng	浙江省宁波市奉化市	29°32.5′	121°34.8′
大门港	Dàmén Gǎng	浙江省温州市洞头县	27°59.3′	121°04.0′
小花岗门	Xiǎohuāgǎng Mén	浙江省温州市洞头县	27°52.9′	121°08.6′
洞头港	Dòngtóu Gǎng	浙江省温州市洞头县	27°49.1′	121°08.6′
西北门	Xīběi Mén	浙江省温州市洞头县	27°48.9′	121°05.6′

标准名称	汉语拼音	行政区	地理位置	
			北纬	东经
斩断尾门	Zhǎnduànwěi Mén	浙江省温州市平阳县	27°28.9′	121°03.8′
后麂门	Hòujǐ Mén	浙江省温州市平阳县	27°28.5′	121°07.2′
琵琶门	Pípá Mén	浙江省温州市苍南县	27°30.2′	120°39.7′
南门港	Nánmén Gǎng	浙江省温州市苍南县	27°20.0′	120°34.4′
孝屿门	Xiàoyǔ Mén	浙江省温州市苍南县	27°14.8′	120°32.6′
大离门	Dàlí Mén	浙江省温州市苍南县	27°14.8′	120°32.3′
北门	Běi Mén	浙江省温州市苍南县	27°11.4′	120°31.1′
门仔边水道	Ménzǎibiān Shuǐdào	浙江省温州市苍南县	27°11.2′	120°30.4′
三岔港	Sānchà Gǎng	浙江省温州市苍南县	27°11.1′	120°30.8′
八尺门	Bāchǐ Mén	浙江省温州市苍南县	27°09.9′	120°28.0′
凤凰门	Fènghuáng Mén	浙江省温州市瑞安市	27°41.6′	120°49.2′
龙珠水道	Lóngzhū Shuǐdào	浙江省温州市瑞安市	27°39.2′	120°57.1′
峙门	Zhì Mén	浙江省温州市瑞安市	27°38.6′	120°56.1′
八字门	Bāzì Mén	浙江省温州市瑞安市	27°37.3′	121°21.3′
西门港	Xīmén Gǎng	浙江省温州市乐清市	28°20.7′	121°11.8′
白溪港	Báixī Gǎng	浙江省温州市乐清市	28°19.4′	121°09.6′
大孟门	Dàmèng Mén	浙江省嘉兴市平湖市	30°35.7′	121°07.8′
蒲山门	Púshān Mén	浙江省嘉兴市平湖市	30°35.6′	121°08.1′
菜荠门	Càiqí Mén	浙江省嘉兴市平湖市	30°35.1′	121°07.5′
凉帽山西水道	Liángmàoshān Xīshuǐdào	浙江省舟山市定海区	30°07.1′	122°09.6′
凉帽山东水道	Liángmàoshān Dōngshuǐdào	浙江省舟山市定海区	30°07.1′	122°09.8′
肮脏门	Āngzāng Mén	浙江省舟山市定海区	30°06.3′	121°51.5′
髫果门	Tiáoguǒ Mén	浙江省舟山市定海区	30°06.1′	121°50.6′
甘池门	Gānchí Mén	浙江省舟山市定海区	30°05.2′	121°49.2′
富翅门	Fùchì Mén	浙江省舟山市定海区	30°05.2′	121°58.5′
洋螺门	Yángluó Mén	浙江省舟山市定海区	29°59.5′	122°01.6′
螺头门	Luótóu Mén	浙江省舟山市定海区	29°59.5′	122°02.6′

标准名称	汉语拼音	行政区	地理位置	
			北纬	东经
火烧门	Huǒshāo Mén	浙江省舟山市定海区	29°58.8′	122°05.9′
响水门	Xiǎngshuǐ Mén	浙江省舟山市定海区	29°58.8′	122°06.5′
盘峙南水道	Pánzhì Nánshuǐdào	浙江省舟山市定海区	29°58.2′	122°04.8′
东岠水道	Dōngjù Shuǐdào	浙江省舟山市定海区	29°58.1′	122°07.5′
松山门	Sōngshān Mén	浙江省舟山市定海区	29°57.8′	122°08.2′
青浜门	Qīngbāng Mén	浙江省舟山市普陀区	30°11.9′	122°41.7′
羊峙门	Yángzhì Mén	浙江省舟山市普陀区	29°56.8′	122°25.3′
马峙门	Mǎzhì Mén	浙江省舟山市普陀区	29°56.1′	122°16.8′
乌沙门	Wūshā Mén	浙江省舟山市普陀区	29°50.7′	122°22.5′
鹁鸪门	Bógū Mén	浙江省舟山市普陀区	29°49.8′	122°19.1′
葛藤水道	Gěténg Shuǐdào	浙江省舟山市普陀区	29°42.2′	122°12.2′
黄沙门	Huángshā Mén	浙江省舟山市普陀区	29°41.2′	122°13.7′
小山门	Xiǎoshān Mén	浙江省舟山市普陀区	29°41.1′	122°14.2′
长腊门	Chánglà Mén	浙江省舟山市普陀区	29°39.5′	122°14.0′
鹅卵门	Éluǎn Mén	浙江省舟山市普陀区	29°38.7′	122°13.5′
桥头门	Qiáotóu Mén	浙江省舟山市岱山县	30°28.8′	122°16.7′
小峙门	Xiǎozhì Mén	浙江省舟山市岱山县	30°20.5′	121°53.7′
无名峙港	Wúmíngzhì Gǎng	浙江省舟山市岱山县	30°20.1′	121°58.0′
峙岗门	Zhìgǎng Mén	浙江省舟山市岱山县	30°19.3′	121°55.9′
小鱼山港	Xiǎoyúshān Gǎng	浙江省舟山市岱山县	30°18.8′	121°56.7′
楝槌港	Liànchuí Gǎng	浙江省舟山市岱山县	30°17.6′	121°57.7′
竹屿港	Zhúyǔ Gǎng	浙江省舟山市岱山县	30°17.2′	122°14.1′
多子港	Duōzǐ Gǎng	浙江省舟山市岱山县	30°16.5′	122°21.8′
樱连门	Yīnglián Mén	浙江省舟山市岱山县	30°14.8′	122°25.9′
蜘蛛门	Zhīzhū Mén	浙江省舟山市岱山县	30°14.6′	122°27.5′
小门头	Xiǎo Méntóu	浙江省舟山市岱山县	30°14.4′	122°12.8′
南庄门	Nánzhuāng Mén	浙江省舟山市岱山县	30°13.8′	122°16.8′
大门头	Dà Méntóu	浙江省舟山市岱山县	30°13.8′	122°12.5′

标准名称	汉语拼音	行政区	地理位置	
			北纬	东经
桐盘门	Tóngpán Mén	浙江省舟山市岱山县	30°13.6′	122°28.0′
岱山菜花门	Dàishān Càihuā Mén	浙江省舟山市岱山县	30°13.3′	122°33.8′
大长山水道	Dàchángshān Shuǐdào	浙江省舟山市岱山县	30°10.1′	122°07.8′
乌岩头门	Wūyántóu Mén	浙江省舟山市岱山县	30°10.1′	122°08.3′
大盘门	Dàpán Mén	浙江省舟山市嵊泗县	30°47.6′	122°46.3′
头块门	Tóukuài Mén	浙江省舟山市嵊泗县	30°46.6′	122°47.7′
顶流门	Dǐngliú Mén	浙江省舟山市嵊泗县	30°45.9′	122°23.4′
嵊泗中门	Shèngsì Zhōngmén	浙江省舟山市嵊泗县	30°45.1′	122°22.3′
大岙门	Dà'ào Mén	浙江省舟山市嵊泗县	30°39.9′	122°32.6′
颗珠门	Kēzhū Mén	浙江省舟山市嵊泗县	30°38.8′	122°02.5′
老人家门	Lǎorénjiā Mén	浙江省舟山市嵊泗县	30°35.8′	122°07.7′
浪通门	Làngtōng Mén	浙江省台州市椒江区	28°27.3′	121°55.1′
西门口	Xīmén Kǒu	浙江省台州市路桥区	28°29.5′	121°36.6′
黄礁门	Huángjiāo Mén	浙江省台州市路桥区	28°29.0′	121°38.2′
鹿颈门	Lùjǐng Mén	浙江省台州市三门县	29°06.9′	121°41.3′
青门	Qīng Mén	浙江省台州市三门县	29°05.8′	121°41.6′
长杓门	Chángsháo Mén	浙江省台州市三门县	29°03.9′	121°40.8′
米筛门	Mǐshāi Mén	浙江省台州市三门县	29°03.8′	121°40.7′
狗头门	Gǒutóu Mén	浙江省台州市三门县	29°03.3′	121°39.9′
鲎门	Hòu Mén	浙江省台州市三门县	29°02.4′	121°40.6′
被絮门	Bèixù Mén	浙江省台州市三门县	28°58.4′	121°41.6′
牛头门	Niútóu Mén	浙江省台州市三门县	28°54.4′	121°40.8′
北港水道	Běigǎng Shuǐdào	浙江省台州市温岭市	28°25.7′	121°39.5′
南港水道	Nángǎng Shuǐdào	浙江省台州市温岭市	28°25.2′	121°40.0′
九洞门	Jiǔdòng Mén	浙江省台州市温岭市	28°24.9′	121°40.1′
捣米门	Dǎomǐ Mén	浙江省台州市温岭市	28°21.2′	121°38.9′
东门头港	Dōngméntóu Gǎng	浙江省台州市温岭市	28°20.4′	121°12.8′

标准名称	汉语拼音	行政区	地理位置	
			北纬	东经
小钓浜水道	Xiǎodiàobāng Shuǐdào	浙江省台州市温岭市	28°18.2′	121°38.6′
中钓浜水道	Zhōngdiàobāng Shuǐdào	浙江省台州市温岭市	28°17.9′	121°39.2′
温岭乌龟门	Wēnlǐng Wūguī Mén	浙江省台州市温岭市	28°15.1′	121°36.7′
桂岙门	Guì'ào Mén	浙江省台州市温岭市	28°15.0′	121°35.5′
横屿门	Héngyǔ Mén	浙江省台州市温岭市	28°14.8′	121°36.0′
二蒜门	Èrsuàn Mén	浙江省台州市温岭市	28°13.5′	121°38.6′
红珠屿门	Hóngzhūyǔ Mén	浙江省台州市临海市	28°49.9′	121°42.0′
壳门	Ké Mén	浙江省台州市临海市	28°46.3′	121°49.9′
马鞍门	Mǎ'ān Mén	浙江省台州市临海市	28°43.5′	121°51.5′

三、滩

标准名称	汉语拼音	行政区	地理位置	
			北纬	东经
高新涂	Gāoxīn Tú	浙江省宁波市北仑区	29°56.2′	121°51.5′
大目涂	Dàmù Tú	浙江省宁波市象山县	29°23.4′	121°56.9′
蟹钳涂	Xièqián Tú	浙江省宁波市象山县	29°21.4′	121°47.4′
牛轭垮	Niú'èkuǎ	浙江省宁波市象山县	29°05.6′	121°47.0′
大南田涂	Dànántián Tú	浙江省宁波市象山县	29°05.4′	121°54.0′
蛇蟠涂	Shépán Tú	浙江省宁波市宁海县	29°09.9′	121°31.7′
东中央涂	Dōngzhōngyāng Tú	浙江省温州市	27°59.9′	120°44.6′
灵昆浅滩	Língkūn Qiǎntān	浙江省温州市龙湾区	27°56.7′	120°55.9′
活水潭涂	Huóshuǐtán Tú	浙江省温州市洞头县	27°52.9′	121°07.6′
北岙后涂	Běi'ào Hòutú	浙江省温州市洞头县	27°50.9′	121°08.7′
盐东滩	Yándōng Tān	浙江省嘉兴市	30°32.9′	120°59.7′
黄道关滩	Huángdàoguān Tān	浙江省嘉兴市海盐县	30°24.3′	120°55.1′
塔山滩	Tǎshān Tān	浙江省嘉兴市海宁市	30°20.6′	120°44.3′
小满涂	Xiǎomǎn Tú	浙江省舟山市定海区	30°11.8′	122°01.7′

标准名称	汉语拼音	行政区	地理位置	
			北纬	东经
深水涂	Shēnshuǐ Tú	浙江省舟山市定海区	30°11.5′	122°01.3′
青天湾涂	Qīngtiānwān Tú	浙江省舟山市定海区	30°11.0′	121°58.0′
桃花涂	Táohuā Tú	浙江省舟山市定海区	30°10.6′	121°56.4′
东江涂	Dōngjiāng Tú	浙江省舟山市定海区	30°09.6′	121°58.9′
大沙湾涂	Dàshāwān Tú	浙江省舟山市定海区	30°06.6′	121°55.5′
马峙外涂	Mǎzhì Wàitú	浙江省舟山市定海区	30°05.8′	122°12.3′
黄沙涂	Huángshā Tú	浙江省舟山市定海区	30°05.5′	122°14.4′
外长峙涂	Wàichángzhì Tú	浙江省舟山市定海区	29°57.5′	122°11.8′
百步沙	Bǎibù Shā	浙江省舟山市普陀区	29°59.3′	122°23.3′
塘头涂	Tángtóu Tú	浙江省舟山市普陀区	29°59.2′	122°19.7′
顺母涂	Shùnmǔ Tú	浙江省舟山市普陀区	29°56.8′	122°19.9′
大乌石塘滩	Dàwūshítáng Tān	浙江省舟山市普陀区	29°55.2′	122°24.2′
大涂面涂	Dàtúmiàn Tú	浙江省舟山市普陀区	29°52.5′	122°16.8′
小北涂	Xiǎoběi Tú	浙江省舟山市普陀区	29°44.2′	122°09.0′
洞礁涂	Dòngjiāo Tú	浙江省舟山市岱山县	30°28.3′	122°17.9′
后沙滩	Hòu Shātān	浙江省舟山市岱山县	30°27.6′	122°22.5′
东沙涂	Dōngshā Tú	浙江省舟山市岱山县	30°19.1′	122°07.6′
双峰涂	Shuāngfēng Tú	浙江省舟山市岱山县	30°17.0′	122°13.0′
西车头涂	Xīchētóu Tú	浙江省舟山市岱山县	30°14.9′	122°15.1′
圆山沙咀头涂	Yuánshān Shāzuǐtou Tú	浙江省舟山市岱山县	30°13.5′	122°16.4′
大馋头涂	Dàchántóu Tú	浙江省舟山市岱山县	30°11.2′	122°08.7′
会城岙滩	Huìchéng'ào Tān	浙江省舟山市嵊泗县	30°43.2′	122°30.1′
边岙沙	Biān'ào Shā	浙江省舟山市嵊泗县	30°42.3′	122°31.3′
高场湾沙滩	Gāochǎngwān Shātān	浙江省舟山市嵊泗县	30°42.3′	122°28.8′
小沙	Xiǎo Shā	浙江省舟山市嵊泗县	30°42.2′	122°30.1′
岙门滩	Àomén Tān	浙江省舟山市嵊泗县	30°38.8′	122°17.1′
高泥沙	Gāoní Shā	浙江省舟山市嵊泗县	30°38.4′	122°03.7′

标准名称	汉语拼音	行政区	地理位置	
			北纬	东经
大岙滩	Dà'ào Tān	浙江省舟山市嵊泗县	30°38.2′	122°03.0′
小高泥沙	Xiǎogāoní Shā	浙江省舟山市嵊泗县	30°38.1′	122°04.0′
东岙滩	Dōng'ào Tān	浙江省舟山市嵊泗县	30°38.0′	122°03.0′
芦成澳滩	Lúchéng'ào Tān	浙江省舟山市嵊泗县	30°37.0′	121°38.0′
北澳滩	Běi'ào Tān	浙江省舟山市嵊泗县	30°36.9′	121°37.0′
西沙门涂	Xīshāmén Tú	浙江省台州市玉环市	28°12.6′	121°23.1′

四、岬角

标准名称	汉语拼音	行政区	地理位置	
			北纬	东经
外雉山嘴	Wàizhìshān Zuǐ	浙江省宁波市北仑区	29°58.0′	121°47.6′
鳎鳗山嘴	Tǎmánshān Zuǐ	浙江省宁波市北仑区	29°57.2′	121°57.6′
杨公山嘴	Yánggōngshān Zuǐ	浙江省宁波市北仑区	29°57.0′	121°48.7′
老鼠山嘴	Lǎoshǔshān Zuǐ	浙江省宁波市北仑区	29°56.5′	121°50.1′
龙山火叉嘴	Lóngshān Huǒchā Zuǐ	浙江省宁波市北仑区	29°56.5′	121°56.5′
棺材嘴	Guāncái Zuǐ	浙江省宁波市北仑区	29°54.7′	122°01.5′
涨水潮嘴	Zhǎngshuǐcháo Zuǐ	浙江省宁波市北仑区	29°54.4′	122°06.7′
公鹅嘴	Gōng'é Zuǐ	浙江省宁波市北仑区	29°54.2′	122°06.0′
连柱山嘴	Liánzhùshān Zuǐ	浙江省宁波市北仑区	29°54.1′	122°00.8′
小屯山嘴	Xiǎotúnshān Zuǐ	浙江省宁波市北仑区	29°54.1′	122°08.0′
沙湾嘴	Shāwān Zuǐ	浙江省宁波市北仑区	29°54.0′	122°05.6′
火叉嘴	Huǒchā Zuǐ	浙江省宁波市北仑区	29°53.8′	122°00.3′
山湾嘴	Shānwān Zuǐ	浙江省宁波市北仑区	29°53.8′	122°00.7′
龙冲嘴	Lóngchōng Zuǐ	浙江省宁波市北仑区	29°53.7′	122°08.0′
长拖横嘴	Chángtuōhéng Zuǐ	浙江省宁波市北仑区	29°53.5′	122°01.2′
上宅嘴	Shàngzhái Zuǐ	浙江省宁波市北仑区	29°53.5′	122°04.8′
寿门头	Shòumén Tóu	浙江省宁波市北仑区	29°53.5′	122°00.7′
竹湾山嘴	Zhúwānshān Zuǐ	浙江省宁波市北仑区	29°53.3′	122°03.6′

标准名称	汉语拼音	行政区	地理位置	
			北纬	东经
峙头角	Zhìtóu Jiǎo	浙江省宁波市北仑区	29°52.9′	122°08.2′
百步嵩嘴	Bǎibùsōng Zuǐ	浙江省宁波市北仑区	29°51.3′	122°04.9′
盛岙嘴	Shèng'ào Zuǐ	浙江省宁波市北仑区	29°51.1′	122°04.3′
外游山嘴	Wàiyóushān Zuǐ	浙江省宁波市镇海区	29°58.7′	121°45.0′
叭门咀	Bāmén Zuǐ	浙江省宁波市象山县	29°44.1′	122°18.5′
牛鼻子嘴	Niúbízi Zuǐ	浙江省宁波市象山县	29°37.6′	122°01.8′
老虎咀	Lǎohǔ Zuǐ	浙江省宁波市象山县	29°37.1′	121°58.1′
虎舌头岬角	Hǔshétou Jiǎjiǎo	浙江省宁波市象山县	29°36.5′	122°01.4′
外张咀	Wàizhāng Zuǐ	浙江省宁波市象山县	29°35.9′	121°59.3′
鲁家角	Lǔjiā Jiǎo	浙江省宁波市象山县	29°34.0′	121°45.5′
石塘咀	Shítáng Zuǐ	浙江省宁波市象山县	29°33.5′	121°44.7′
蛇山咀	Shéshān Zuǐ	浙江省宁波市象山县	29°32.8′	121°46.8′
高泥咀	Gāoní Zuǐ	浙江省宁波市象山县	29°32.7′	121°44.6′
白岩山咀	Báiyánshān Zuǐ	浙江省宁波市象山县	29°32.4′	122°57.4′
金岙角	Jīn'ào Jiǎo	浙江省宁波市象山县	29°32.3′	121°43.6′
蛤蚆咀	Hábā Zuǐ	浙江省宁波市象山县	29°32.2′	121°46.8′
乌沙角	Wūshā Jiǎo	浙江省宁波市象山县	29°31.1′	121°40.4′
里东咀	Lǐdōng Zuǐ	浙江省宁波市象山县	29°26.0′	122°12.8′
外东咀	Wàidōng Zuǐ	浙江省宁波市象山县	29°25.9′	122°13.3′
捣臼岩咀	Dǎojiùyán Zuǐ	浙江省宁波市象山县	29°25.6′	122°10.7′
大漠榴子嘴	Dàmòliúzi Zuǐ	浙江省宁波市象山县	29°24.7′	122°00.9′
中咀	Zhōng Zuǐ	浙江省宁波市象山县	29°24.4′	122°00.5′
稻桶岩嘴	Dàotǒngyán Zuǐ	浙江省宁波市象山县	29°24.4′	122°00.9′
板进咀	Bǎnjìn Zuǐ	浙江省宁波市象山县	29°17.1′	121°58.8′
庙湾咀	Miàowān Zuǐ	浙江省宁波市象山县	29°16.8′	121°58.6′
短咀头	Duǎnzuǐ Tóu	浙江省宁波市象山县	29°16.6′	121°58.4′
上岩咀	Shàngyán Zuǐ	浙江省宁波市象山县	29°15.9′	121°58.1′
老鼠桥嘴	Lǎoshǔqiáo Zuǐ	浙江省宁波市象山县	29°15.8′	121°59.4′

标准名称	汉语拼音	行政区	地理位置	
			北纬	东经
园山咀	Yuánshān Zuǐ	浙江省宁波市象山县	29°15.8′	121°58.5′
鹤头山咀	Hètóushān Zuǐ	浙江省宁波市象山县	29°15.5′	121°58.0′
缸窑咀	Gāngyáo Zuǐ	浙江省宁波市象山县	29°15.2′	121°58.1′
小湾咀头	Xiǎowānzuǐ Tóu	浙江省宁波市象山县	29°13.7′	121°58.2′
夜壶咀头	Yèhúzuǐ Tóu	浙江省宁波市象山县	29°12.3′	122°02.0′
小坝咀头	Xiǎobàzuǐ Tóu	浙江省宁波市象山县	29°12.3′	122°02.7′
舢板头	Shānbǎn Tóu	浙江省宁波市象山县	29°12.1′	121°57.1′
黄泥崩咀	Huángníbēng Zuǐ	浙江省宁波市象山县	29°12.1′	121°58.0′
小湾咀	Xiǎowān Zuǐ	浙江省宁波市象山县	29°11.6′	121°57.9′
水湾礁咀	Shuǐwānjiāo Zuǐ	浙江省宁波市象山县	29°11.6′	121°58.4′
尾咀头	Wěizuǐ Tóu	浙江省宁波市象山县	29°11.4′	122°03.2′
中咀头	Zhōngzuǐ Tóu	浙江省宁波市象山县	29°11.2′	122°01.8′
长山咀头	Chángshānzuǐ Tóu	浙江省宁波市象山县	29°10.5′	121°58.7′
眼睛山咀	Yǎnjīngshān Zuǐ	浙江省宁波市象山县	29°10.0′	121°58.1′
狮子尾巴	Shīzī Wěiba	浙江省宁波市象山县	29°09.9′	121°58.6′
舱板咀头	Cāngbǎnzuǐ Tóu	浙江省宁波市象山县	29°09.9′	122°00.9′
大牛角咀头	Dàniújiǎozuǐ Tóu	浙江省宁波市象山县	29°09.8′	122°02.6′
乌缆咀头	Wūlǎnzuǐ Tóu	浙江省宁波市象山县	29°09.4′	122°01.9′
东瓜岩嘴	Dōngguāyán Zuǐ	浙江省宁波市象山县	29°09.3′	122°00.7′
马鞍头	Mǎ'ān Tóu	浙江省宁波市象山县	29°08.9′	121°58.9′
昌了岗头	Chānglegǎng Tóu	浙江省宁波市象山县	29°08.3′	121°58.5′
半边山嘴	Bànbiānshān Zuǐ	浙江省宁波市象山县	29°08.2′	121°58.7′
紫菜岩嘴	Zǐcàiyán Zuǐ	浙江省宁波市象山县	29°07.8′	121°58.8′
象山长嘴头	Xiàngshān Chángzuǐ Tóu	浙江省宁波市象山县	29°07.3′	121°58.9′
下平岩咀	Xiàpíngyán Zuǐ	浙江省宁波市象山县	29°07.1′	121°58.9′
双坝咀	Shuāngbà Zuǐ	浙江省宁波市象山县	29°06.8′	121°59.0′
野猪咀	Yězhū Zuǐ	浙江省宁波市象山县	29°06.7′	121°53.6′

标准名称	汉语拼音	行政区	地理位置	
			北纬	东经
龙头背埠头	Lóngtóubèibù Tóu	浙江省宁波市象山县	29°06.3′	121°58.5′
小岩咀头	Xiǎoyánzuǐ Tóu	浙江省宁波市象山县	29°05.7′	121°58.1′
金竹岗嘴	Jīnzhúgǎng Zuǐ	浙江省宁波市象山县	29°05.6′	121°58.4′
外门头	Wàimén Tóu	浙江省宁波市象山县	29°05.6′	121°50.3′
龙洞岗嘴	Lóngdònggǎng Zuǐ	浙江省宁波市象山县	29°05.0′	121°58.3′
象鼻咀	Xiàngbí Zuǐ	浙江省宁波市象山县	29°05.0′	121°49.8′
腰咀头	Yāozuǐ Tóu	浙江省宁波市象山县	29°03.8′	121°55.9′
蟹钳咀头	Xièqiánzuǐ Tóu	浙江省宁波市象山县	29°03.6′	121°50.1′
黄泥狗头	Huángnígǒu Tóu	浙江省宁波市象山县	29°03.4′	121°56.3′
孔亮咀	Kǒngliàng Zuǐ	浙江省宁波市象山县	29°03.0′	121°56.8′
龟鱼嘴	Guīyú Zuǐ	浙江省宁波市宁海县	29°30.6′	121°36.7′
双盘山嘴	Shuāngpánshān Zuǐ	浙江省宁波市宁海县	29°11.0′	121°32.0′
焦头山嘴	Jiāotóushān Zuǐ	浙江省宁波市宁海县	29°10.2′	121°30.3′
黄岩头	Huángyán Tóu	浙江省宁波市奉化市	29°34.1′	121°42.5′
狮子角	Shīzi Jiǎo	浙江省宁波市奉化市	29°30.5′	121°31.1′
龙湾头	Lóngwān Tóu	浙江省温州市龙湾区	27°58.0′	120°48.4′
祠堂浦头	Cítángpǔ Tóu	浙江省温州市洞头县	28°00.3′	121°03.7′
上山咀	Shàngshān Zuǐ	浙江省温州市洞头县	28°00.1′	121°11.7′
龙船头咀	Lóngchuántóu Zuǐ	浙江省温州市洞头县	27°59.2′	121°07.3′
沙岙咀	Shā'ào Zuǐ	浙江省温州市洞头县	27°58.6′	121°07.9′
猪头咀	Zhūtóu Zuǐ	浙江省温州市洞头县	27°58.2′	121°08.3′
老鼠尾巴	Lǎoshǔ Wěiba	浙江省温州市洞头县	27°54.5′	121°09.2′
水鸡头	Shuǐjī Tóu	浙江省温州市洞头县	27°52.7′	121°07.3′
蛇塘头	Shétáng Tóu	浙江省温州市洞头县	27°51.7′	121°08.8′
山东岙鼻	Shāndōng'ào Bí	浙江省温州市洞头县	27°50.9′	121°04.0′
东头尾	Dōngtou Wěi	浙江省温州市洞头县	27°49.6′	121°13.3′
钓鱼台嘴	Diàoyútái Zuǐ	浙江省温州市洞头县	27°49.3′	121°10.7′
沙岙鼻	Shā'ào Bí	浙江省温州市洞头县	27°49.3′	121°05.4′

标准名称	汉语拼音	行政区	地理位置	
			北纬	东经
娘娘洞尾	Niángniángdòng Wěi	浙江省温州市洞头县	27°49.1′	121°09.1′
七艚鼻头	Qīcáobí Tóu	浙江省温州市洞头县	27°46.9′	121°04.3′
白岩头嘴	Báiyántou Zuǐ	浙江省温州市平阳县	27°28.6′	121°03.2′
后隆嘴	Hòulóng Zuǐ	浙江省温州市平阳县	27°28.4′	121°04.9′
竹屿东嘴头	Zhúyǔ Dōngzuǐ Tóu	浙江省温州市平阳县	27°28.1′	121°07.1′
虎尾	Hǔ Wěi	浙江省温州市苍南县	27°22.8′	120°33.6′
大渔角	Dàyú Jiǎo	浙江省温州市苍南县	27°21.9′	120°38.7′
大坪头鼻	Dàpíngtóu Bí	浙江省温州市苍南县	27°19.0′	120°33.5′
烟水尾	Yānshuǐ Wěi	浙江省温州市苍南县	27°18.5′	120°33.3′
员屿角	Yuányǔ Jiǎo	浙江省温州市苍南县	27°17.7′	120°33.7′
长水尾	Chángshuǐ Wěi	浙江省温州市苍南县	27°17.1′	120°33.0′
三脚坪嘴	Sānjiǎopíng Zuǐ	浙江省温州市苍南县	27°16.9′	120°32.7′
龙头山嘴	Lóngtóushān Zuǐ	浙江省温州市苍南县	27°16.4′	120°31.3′
鸡头鼻	Jītóu Bí	浙江省温州市苍南县	27°12.1′	120°25.8′
表尾鼻	Biǎowěi Bí	浙江省温州市苍南县	27°12.0′	120°25.6′
深澳鼻	Shēn'ào Bí	浙江省温州市苍南县	27°11.5′	120°25.4′
乌什婆鼻	Wūshénpó Bí	浙江省温州市苍南县	27°10.7′	120°26.1′
贼仔澳鼻	Zéizǎi'ào Bí	浙江省温州市苍南县	27°09.7′	120°27.9′
东鼻头	Dōngbí Tóu	浙江省温州市苍南县	27°08.6′	120°29.1′
猪头嘴	Zhūtóu Zuǐ	浙江省温州市瑞安市	27°41.9′	120°54.0′
单万船嘴	Dānwànchuán Zuǐ	浙江省温州市瑞安市	27°41.6′	120°54.6′
北嘴头	Běizuǐ Tóu	浙江省温州市瑞安市	27°41.6′	120°55.3′
北齿头	Běichǐ Tóu	浙江省温州市瑞安市	27°39.1′	120°50.1′
南龙头	Nánlóng Tóu	浙江省温州市瑞安市	27°39.0′	120°58.1′
南齿头	Nánchǐ Tóu	浙江省温州市瑞安市	27°38.3′	120°49.2′
关头波角	Guāntóubō Jiǎo	浙江省温州市瑞安市	27°38.0′	121°13.0′
东山头	Dōngshān Tóu	浙江省温州市乐清市	28°14.8′	121°07.9′

标准名称	汉语拼音	行政区	地理位置	
			北纬	东经
大鹅头	Dà'é Tóu	浙江省温州市乐清市	28°12.6′	121°07.3′
小鹅头	Xiǎo'é Tóu	浙江省温州市乐清市	28°12.1′	121°06.4′
高嵩山头	Gāosōngshān Tóu	浙江省温州市乐清市	28°11.1′	121°06.2′
淡水头	Dànshuǐ Tóu	浙江省温州市乐清市	28°10.2′	121°05.8′
石码头	Shímǎ Tóu	浙江省温州市乐清市	28°06.8′	121°00.8′
沙头	Shā Tóu	浙江省温州市乐清市	28°02.6′	121°00.0′
六亩咀	Liùmǔ Zuǐ	浙江省嘉兴市海盐县	30°26.2′	120°57.2′
灯光山咀	Dēngguāngshān Zuǐ	浙江省嘉兴市平湖市	30°34.8′	121°02.6′
雄鹅头山嘴	Xióng'étóushān Zuǐ	浙江省舟山市定海区	30°12.1′	122°03.0′
洪脚洞山嘴	Hóngjiǎodòngshān Zuǐ	浙江省舟山市定海区	30°12.1′	122°02.4′
小满山咀	Xiǎománshān Zuǐ	浙江省舟山市定海区	30°11.9′	122°01.6′
火川山嘴	Huǒchuānshān Zuǐ	浙江省舟山市定海区	30°11.0′	121°57.0′
长春山嘴	Chángchūnshān Zuǐ	浙江省舟山市定海区	30°10.2′	121°56.2′
乌岩嘴	Wūyán Zuǐ	浙江省舟山市定海区	30°09.5′	122°05.5′
鬔下山嘴	Bèngxiàshān Zuǐ	浙江省舟山市定海区	30°09.4′	122°05.3′
太婆山嘴	Tàipóshān Zuǐ	浙江省舟山市定海区	30°09.4′	121°56.6′
长了尚山嘴	Chángleshàngshān Zuǐ	浙江省舟山市定海区	30°09.3′	121°59.2′
舟山岛中山嘴	Zhōushāndǎo Zhōngshān Zuǐ	浙江省舟山市定海区	30°09.2′	121°56.9′
舟山岛东山嘴	Zhōushāndǎo Dōngshān Zuǐ	浙江省舟山市定海区	30°09.2′	122°00.7′
短了尚山嘴	Duǎnleshàngshān Zuǐ	浙江省舟山市定海区	30°09.2′	121°59.6′
黄岩山嘴	Huángyánshān Zuǐ	浙江省舟山市定海区	30°09.2′	122°04.1′
庙山嘴	Miàoshān Zuǐ	浙江省舟山市定海区	30°09.0′	122°06.9′
长冲山嘴	Chángchōngshān Zuǐ	浙江省舟山市定海区	30°08.9′	121°57.2′
定海老鹰咀	Dìnghǎi Lǎoyīng Zuǐ	浙江省舟山市定海区	30°07.7′	122°07.8′
龙王跳咀	Lóngwángtiào Zuǐ	浙江省舟山市定海区	30°07.1′	122°10.0′
鹰头山嘴	Yīngtóushān Zuǐ	浙江省舟山市定海区	30°06.9′	121°56.7′

标准名称	汉语拼音	行政区	地理位置	
			北纬	东经
定海短跳嘴	Dìnghǎi Duǎntiào Zuǐ	浙江省舟山市定海区	30°06.9′	122°09.6′
小岙山嘴	Xiǎo'àoshān Zuǐ	浙江省舟山市定海区	30°06.6′	121°56.9′
小狗头颈嘴	Xiǎogǒutóujǐng Zuǐ	浙江省舟山市定海区	30°06.6′	121°57.0′
大狗头颈嘴	Dàgǒutóujǐng Zuǐ	浙江省舟山市定海区	30°06.5′	121°57.2′
五龙桥山嘴	Wǔlóngqiáoshān Zuǐ	浙江省舟山市定海区	30°06.2′	121°59.2′
定海外山嘴	Dìnghǎi Wàishān Zuǐ	浙江省舟山市定海区	30°05.9′	122°11.2′
册子岛长冲嘴	Cèzǐdǎo Chángchōng Zuǐ	浙江省舟山市定海区	30°05.8′	121°54.6′
响礁门山嘴	Xiǎngjiāoménshān Zuǐ	浙江省舟山市定海区	30°05.8′	121°59.2′
外岗	Wàigǎng	浙江省舟山市定海区	30°05.4′	121°54.7′
小龙王山嘴	Xiǎolóngwángshān Zuǐ	浙江省舟山市定海区	30°05.2′	121°52.4′
牛脚蹄嘴	Niújiǎotí Zuǐ	浙江省舟山市定海区	30°05.1′	121°59.0′
大沙鱼洞	Dàshāyú Dòng	浙江省舟山市定海区	30°05.1′	121°49.6′
大龙王山嘴	Dàlóngwángshān Zuǐ	浙江省舟山市定海区	30°05.1′	121°52.0′
沥表嘴	Lìbiǎo Zuǐ	浙江省舟山市定海区	30°05.0′	121°49.2′
大樟树岙山嘴	Dàzhāngshù'àoshān Zuǐ	浙江省舟山市定海区	30°05.0′	121°53.2′
蒋家山嘴	Jiǎngjiāshān Zuǐ	浙江省舟山市定海区	30°04.9′	121°51.7′
大鹏山岛中山嘴	Dàpéngshāndǎo Zhōngshān Zuǐ	浙江省舟山市定海区	30°04.8′	121°49.2′
小碗山嘴	Xiǎowǎnshān Zuǐ	浙江省舟山市定海区	30°04.7′	121°50.9′
小山嘴	Xiǎoshān Zuǐ	浙江省舟山市定海区	30°04.4′	121°49.3′
小西堠嘴	Xiǎoxīhòu Zuǐ	浙江省舟山市定海区	30°04.4′	121°53.3′
老庙山嘴	Lǎomiàoshān Zuǐ	浙江省舟山市定海区	30°04.3′	121°58.7′
定海大山嘴	Dìnghǎi Dàshān Zuǐ	浙江省舟山市定海区	30°04.2′	121°49.2′
埠头山嘴	Bùtóushān Zuǐ	浙江省舟山市定海区	30°04.1′	121°49.5′
龙眼山嘴	Lóngyǎnshān Zuǐ	浙江省舟山市定海区	30°03.9′	121°58.0′

标准名称	汉语拼音	行政区	地理位置	
			北纬	东经
上雄鹅嘴	Shàngxióng'é Zuǐ	浙江省舟山市定海区	30°03.4′	121°54.6′
下雄鹅嘴	Xiàxióng'é Zuǐ	浙江省舟山市定海区	30°03.3′	121°54.9′
钓山嘴	Diàoshān Zuǐ	浙江省舟山市定海区	30°03.2′	121°58.0′
铁路山嘴	Tiělùshān Zuǐ	浙江省舟山市定海区	30°00.9′	121°55.5′
小黄泥坎山嘴	Xiǎohuángníkǎnshān Zuǐ	浙江省舟山市定海区	30°00.5′	121°50.7′
龙洞山嘴	Lóngdòngshān Zuǐ	浙江省舟山市定海区	30°00.2′	121°50.5′
沙鱼礁山嘴	Shāyújiāoshān Zuǐ	浙江省舟山市定海区	30°00.1′	121°55.6′
过秦角	Guòqín Jiǎo	浙江省舟山市定海区	30°00.1′	122°04.3′
青龙山嘴	Qīnglóngshān Zuǐ	浙江省舟山市定海区	29°59.7′	121°55.1′
外凉亭上咀	Wàiliángtíng Shàngzuǐ	浙江省舟山市定海区	29°59.6′	121°50.3′
六局坑山嘴	Liùjúkēngshān Zuǐ	浙江省舟山市定海区	29°59.4′	121°54.4′
冲嘴山	Chōng Zuǐshān	浙江省舟山市定海区	29°59.4′	122°02.7′
后山嘴	Hòushān Zuǐ	浙江省舟山市定海区	29°59.3′	122°09.7′
鸡龙礁山嘴	Jīlóngjiāoshān Zuǐ	浙江省舟山市定海区	29°59.3′	121°54.2′
南瓜山嘴	Nánguāshān Zuǐ	浙江省舟山市定海区	29°59.0′	122°02.3′
上岙山咀	Shàng'àoshān Zuǐ	浙江省舟山市定海区	29°58.9′	121°53.2′
断桥山嘴	Duànqiáoshān Zuǐ	浙江省舟山市定海区	29°58.7′	121°53.0′
刺山咀	Cìshān Zuǐ	浙江省舟山市定海区	29°58.4′	121°50.9′
牛角咀	Niújiǎo Zuǐ	浙江省舟山市定海区	29°58.3′	121°51.6′
前山嘴	Qiánshān Zuǐ	浙江省舟山市定海区	29°58.1′	122°09.5′
鸡冠礁嘴	Jīguānjiāo Zuǐ	浙江省舟山市定海区	29°57.9′	122°04.1′
紫岙山嘴	Zǐ'àoshān Zuǐ	浙江省舟山市定海区	29°57.7′	122°02.1′
大渠角	Dàqú Jiǎo	浙江省舟山市定海区	29°57.7′	122°06.6′
刺山岛长冲嘴	Cìshāndǎo Chángchōng Zuǐ	浙江省舟山市定海区	29°57.6′	122°04.0′
穿鼻嘴头	Chuānbízuǐ Tóu	浙江省舟山市定海区	29°57.5′	122°05.0′
梅湾山嘴	Méiwānshān Zuǐ	浙江省舟山市定海区	29°57.4′	122°01.7′
潮力嘴	Cháolì Zuǐ	浙江省舟山市定海区	29°57.3′	122°04.1′

标准名称	汉语拼音	行政区	地理位置	
			北纬	东经
潮力山嘴	Cháolìshān Zuǐ	浙江省舟山市定海区	29°57.3′	122°01.5′
牛角山嘴	Niújiǎoshān Zuǐ	浙江省舟山市定海区	29°57.1′	122°01.4′
定海狗头颈嘴	Dìnghǎi Gǒutóujǐng Zuǐ	浙江省舟山市定海区	29°56.9′	122°09.1′
狗头颈山嘴	Gǒutóujǐngshān Zuǐ	浙江省舟山市定海区	29°56.7′	122°01.6′
小南岙山嘴	Xiǎonán'àoshān Zuǐ	浙江省舟山市定海区	29°56.4′	122°01.6′
螺头角	Luótóu Jiǎo	浙江省舟山市定海区	29°56.0′	122°02.2′
老鼠角	Lǎoshǔ Jiǎo	浙江省舟山市定海区	29°49.4′	122°18.4′
铁钉咀	Tiědīng Zuǐ	浙江省舟山市普陀区	30°12.9′	122°38.1′
七石咀	Qīshí Zuǐ	浙江省舟山市普陀区	30°03.7′	122°15.4′
风洞咀	Fēngdòng Zuǐ	浙江省舟山市普陀区	29°59.2′	122°22.0′
普陀东咀头	Pǔtuó Dōngzuǐ Tóu	浙江省舟山市普陀区	29°56.9′	122°14.1′
里小山	Lǐxiǎoshān	浙江省舟山市普陀区	29°52.4′	122°16.3′
外小山	Wàixiǎoshān	浙江省舟山市普陀区	29°52.2′	122°16.4′
青山角	Qīngshān Jiǎo	浙江省舟山市普陀区	29°49.9′	122°24.7′
新牙咀	Xīnyá Zuǐ	浙江省舟山市普陀区	29°49.1′	122°10.9′
六横岬	Liùhéng Jiǎ	浙江省舟山市普陀区	29°47.5′	122°07.4′
乌石角	Wūshí Jiǎo	浙江省舟山市普陀区	29°46.8′	122°19.4′
白菓角	Báiguǒ Jiǎo	浙江省舟山市普陀区	29°46.5′	122°07.9′
尖咀头	Jiānzuǐ Tóu	浙江省舟山市普陀区	29°44.1′	122°15.6′
虾峙角	Xiāzhì Jiǎo	浙江省舟山市普陀区	29°44.0′	122°18.4′
金兴角	Jīnxìng Jiǎo	浙江省舟山市普陀区	29°43.7′	122°17.2′
石子咀	Shízǐ Zuǐ	浙江省舟山市岱山县	30°28.7′	122°22.2′
西扎钩嘴	Xīzhāgōu Zuǐ	浙江省舟山市岱山县	30°25.2′	122°23.6′
施毛山嘴	Shīmáoshān Zuǐ	浙江省舟山市岱山县	30°20.2′	122°11.0′
黄鼠狼尾巴	Huángshǔláng Wěiba	浙江省舟山市岱山县	30°20.2′	122°07.8′
外木楝槌嘴	Wàimùliànchuí Zuǐ	浙江省舟山市岱山县	30°19.9′	121°58.9′
湖庄潭山咀	Húzhuāngtánshān Zuǐ	浙江省舟山市岱山县	30°19.6′	121°57.6′

标准名称	汉语拼音	行政区	地理位置 北纬	地理位置 东经
老厂基木楝槌嘴	Lǎochǎngjī Mùliànchuí Zuǐ	浙江省舟山市岱山县	30°19.3′	121°58.5′
长跳咀	Chángtiào Zuǐ	浙江省舟山市岱山县	30°19.1′	122°07.1′
湖底木楝槌嘴	Húdǐ Mùliànchuí Zuǐ	浙江省舟山市岱山县	30°18.7′	121°58.4′
塘旋湾山咀	Tángxuánwānshān Zuǐ	浙江省舟山市岱山县	30°18.6′	121°55.5′
长礁山咀	Chángjiāoshān Zuǐ	浙江省舟山市岱山县	30°18.2′	121°58.3′
长礁木楝槌嘴	Chángjiāo Mùliànchuí Zuǐ	浙江省舟山市岱山县	30°17.9′	121°57.8′
鲞骷头	Xiǎngkū Tóu	浙江省舟山市岱山县	30°16.4′	122°24.2′
火叉咀头	Huǒchāzuǐ Tóu	浙江省舟山市岱山县	30°16.3′	122°17.6′
龙头岙山咀	Lóngtóu'àoshān Zuǐ	浙江省舟山市岱山县	30°15.7′	122°15.3′
大劈开	Dàpīkāi	浙江省舟山市岱山县	30°14.8′	122°21.5′
小沙咀	Xiǎoshā Zuǐ	浙江省舟山市岱山县	30°14.7′	122°22.8′
南咀头	Nánzuǐ Tóu	浙江省舟山市岱山县	30°14.4′	122°26.2′
矮连咀	Ǎilián Zuǐ	浙江省舟山市岱山县	30°14.4′	122°24.6′
狗嘴哺	Gǒuzuǐbǔ	浙江省舟山市岱山县	30°14.3′	120°20.4′
背阴山咀	Bèiyīnshān Zuǐ	浙江省舟山市岱山县	30°14.2′	122°24.4′
鸭头	Yā Tóu	浙江省舟山市岱山县	30°14.0′	122°29.2′
大浦头	Dàpǔ Tóu	浙江省舟山市岱山县	30°14.0′	122°12.6′
岙洞角	Àodòng Jiǎo	浙江省舟山市岱山县	30°13.9′	122°29.5′
串心咀	Chuànxīn Zuǐ	浙江省舟山市岱山县	30°13.8′	122°24.0′
中段山咀	Zhōngduànshān Zuǐ	浙江省舟山市岱山县	30°13.8′	122°17.0′
冲头	Chōng Tóu	浙江省舟山市岱山县	30°13.8′	122°10.6′
大南咀	Dànán Zuǐ	浙江省舟山市岱山县	30°13.5′	122°31.3′
小黄沙山咀	Xiǎohuángshāshān Zuǐ	浙江省舟山市岱山县	30°12.9′	122°11.3′
黄狼山咀	Huánglángshān Zuǐ	浙江省舟山市岱山县	30°12.8′	122°38.8′
黄礁咀	Huángjiāo Zuǐ	浙江省舟山市岱山县	30°12.8′	122°08.1′
门脚咀头	Ménjiǎozuǐ Tóu	浙江省舟山市岱山县	30°12.6′	122°40.3′

标准名称	汉语拼音	行政区	地理位置	
			北纬	东经
后门山咀	Hòuménshān Zuǐ	浙江省舟山市岱山县	30°12.1′	122°10.5′
岱山西山嘴	Dàishān Xīshān Zuǐ	浙江省舟山市岱山县	30°11.7′	122°11.4′
黄沙山咀	Huángshāshān Zuǐ	浙江省舟山市岱山县	30°11.5′	122°12.2′
外跳嘴	Wàitiào Zuǐ	浙江省舟山市岱山县	30°09.4′	122°10.8′
老鹰岩嘴	Lǎoyīngyán Zuǐ	浙江省舟山市岱山县	30°09.1′	122°10.3′
外嘴头	Wàizuǐ Tóu	浙江省舟山市嵊泗县	30°51.4′	122°41.4′
龙舌嘴	Lóngshé Zuǐ	浙江省舟山市嵊泗县	30°50.8′	122°41.6′
黄岩嘴	Huángyán Zuǐ	浙江省舟山市嵊泗县	30°49.7′	122°38.5′
过浪嘴头	Guòlàngzuǐ Tóu	浙江省舟山市嵊泗县	30°49.2′	122°39.5′
铜礁嘴头	Tóngjiāozuǐ Tóu	浙江省舟山市嵊泗县	30°48.9′	122°38.8′
野猫洞南嘴头	Yěmāodòng Nánzuǐ Tóu	浙江省舟山市嵊泗县	30°47.2′	122°46.5′
壁下南嘴头	Bìxià Nánzuǐ Tóu	浙江省舟山市嵊泗县	30°46.9′	122°47.2′
虎把头	Hǔbǎ Tóu	浙江省舟山市嵊泗县	30°46.2′	122°23.6′
金鸡山岛外山嘴	Jīnjīshāndǎo Wàishān Zuǐ	浙江省舟山市嵊泗县	30°45.2′	122°28.0′
北石垄嘴	Běishílǒng Zuǐ	浙江省舟山市嵊泗县	30°44.5′	122°26.8′
毛洋嘴	Máoyáng Zuǐ	浙江省舟山市嵊泗县	30°43.7′	122°46.5′
双胖嘴	Shuāngpàng Zuǐ	浙江省舟山市嵊泗县	30°43.5′	122°48.1′
外山嘴半边	Wàishān Zuǐbànbiān	浙江省舟山市嵊泗县	30°43.2′	122°47.7′
龙舌嘴头	Lóngshézuǐ Tóu	浙江省舟山市嵊泗县	30°42.8′	122°46.9′
老鹰窝嘴	Lǎoyīngwō Zuǐ	浙江省舟山市嵊泗县	30°42.6′	122°45.9′
江爿嘴	Jiāngpán Zuǐ	浙江省舟山市嵊泗县	30°42.3′	122°45.4′
田岙山嘴	Tián'àoshān Zuǐ	浙江省舟山市嵊泗县	30°41.9′	122°29.3′
龙尾嘴	Lóngwěi Zuǐ	浙江省舟山市嵊泗县	30°40.4′	122°31.3′
江家山嘴	Jiāngjiāshān Zuǐ	浙江省舟山市嵊泗县	30°39.9′	122°32.8′
钻头嘴	Zuàntóu Zuǐ	浙江省舟山市嵊泗县	30°37.8′	122°04.0′
浪下嘴	Làngxià Zuǐ	浙江省舟山市嵊泗县	30°37.1′	121°37.7′
老虎头	Lǎohǔ Tóu	浙江省舟山市嵊泗县	30°36.7′	121°38.0′

标准名称	汉语拼音	行政区	地理位置	
			北纬	东经
酒埕山嘴	Jiǔchéngshān Zuǐ	浙江省舟山市嵊泗县	30°35.8′	122°04.7′
狗头咀	Gǒutóu Zuǐ	浙江省台州市椒江区	28°30.1′	121°54.5′
丁钩咀	Dīnggōu Zuǐ	浙江省台州市椒江区	28°29.6′	121°52.8′
高梨头	Gāolí Tóu	浙江省台州市椒江区	28°28.9′	121°54.2′
杨府咀	Yángfǔ Zuǐ	浙江省台州市椒江区	28°27.3′	121°53.8′
南磊坑咀	Nánlěikēng Zuǐ	浙江省台州市椒江区	28°27.1′	121°53.6′
半箕坎嘴	Bànjīkǎn Zuǐ	浙江省台州市椒江区	28°26.1′	121°52.5′
木杓头	Mùsháo Tóu	浙江省台州市椒江区	28°26.0′	121°52.7′
马道咀	Mǎdào Zuǐ	浙江省台州市椒江区	28°25.7′	121°52.1′
朴树咀	Pǔshù Zuǐ	浙江省台州市路桥区	28°33.8′	121°35.7′
老鸦咀	Lǎoyā Zuǐ	浙江省台州市路桥区	28°33.6′	121°35.9′
上屿咀	Shàngyǔ Zuǐ	浙江省台州市路桥区	28°33.5′	121°35.4′
西屿咀	Xīyǔ Zuǐ	浙江省台州市路桥区	28°32.9′	121°38.6′
后山咀	Hòu Shān Zuǐ	浙江省台州市路桥区	28°32.8′	121°39.1′
南屿咀	Nányǔ Zuǐ	浙江省台州市路桥区	28°32.8′	121°38.7′
东廊咀头	Dōnglángzuǐ Tóu	浙江省台州市路桥区	28°32.2′	121°39.0′
鲜鳗皮咀	Xiānmánpí Zuǐ	浙江省台州市路桥区	28°32.0′	121°38.8′
米嘴头	Mǐzuǐ Tóu	浙江省台州市路桥区	28°32.0′	121°37.3′
南山咀头	Nánshānzuǐ Tóu	浙江省台州市路桥区	28°31.7′	121°38.8′
同头嘴	Tóngtóu Zuǐ	浙江省台州市路桥区	28°31.1′	121°37.8′
猢狲头咀	Húsūntóu Zuǐ	浙江省台州市路桥区	28°30.5′	121°37.2′
两个庙咀	Liǎnggèmiào Zuǐ	浙江省台州市路桥区	28°29.6′	121°37.5′
西门口咀	Xīménkǒu Zuǐ	浙江省台州市路桥区	28°29.3′	121°36.6′
湾头咀	Wāntóu Zuǐ	浙江省台州市路桥区	28°28.9′	121°37.1′
黄礁咀头	Huángjiāozuǐ Tóu	浙江省台州市路桥区	28°28.8′	121°38.9′
小山咀	Xiǎoshān Zuǐ	浙江省台州市路桥区	28°28.7′	121°37.5′
竹兰咀	Zhúlán Zuǐ	浙江省台州市路桥区	28°28.1′	121°38.4′
鹁鸪咀头	Bógūzuǐ Tóu	浙江省台州市路桥区	28°28.0′	121°39.0′

标准名称	汉语拼音	行政区	地理位置	
			北纬	东经
南黄夫礁咀	Nánhuángfūjiāo Zuǐ	浙江省台州市路桥区	28°27.9′	121°39.6′
里咀头	Lǐzuǐ Tóu	浙江省台州市路桥区	28°27.7′	121°39.1′
长浪咀	Chánglàng Zuǐ	浙江省台州市路桥区	28°27.6′	121°37.6′
牛捕咀	Niúbǔ Zuǐ	浙江省台州市路桥区	28°27.5′	121°37.7′
南屿嘴	Nányǔ Zuǐ	浙江省台州市路桥区	28°27.4′	121°37.8′
寡妇岩嘴	Guǎfuyán Zuǐ	浙江省台州市路桥区	28°27.3′	121°39.3′
小犁头嘴	Xiǎolítóu Zuǐ	浙江省台州市玉环市	28°15.1′	121°25.7′
红头基嘴	Hóngtóujī Zuǐ	浙江省台州市玉环市	28°14.4′	121°10.1′
北面岩头	Běimiànyán Tóu	浙江省台州市玉环市	28°14.4′	121°10.3′
鼻头梁岗嘴	Bítóuliánggǎng Zuǐ	浙江省台州市玉环市	28°14.3′	121°10.7′
分水山咀	Fēnshuǐshān Zuǐ	浙江省台州市玉环市	28°13.0′	121°11.8′
大岙咀	Dà'ào Zuǐ	浙江省台州市玉环市	28°11.6′	121°23.4′
断岙嘴	Duàn'ào Zuǐ	浙江省台州市玉环市	28°10.4′	121°23.2′
乌岩咀	Wūyán Zuǐ	浙江省台州市玉环市	28°10.0′	121°11.8′
木勺头咀	Mùsháotóu Zuǐ	浙江省台州市玉环市	28°09.3′	121°19.9′
北山咀头	Běishānzuǐ Tóu	浙江省台州市玉环市	28°09.1′	121°10.5′
红咀头	Hóngzuǐ Tóu	浙江省台州市玉环市	28°08.3′	121°08.0′
东披头	Dōngpī Tóu	浙江省台州市玉环市	28°07.8′	121°23.5′
南披头	Nánpī Tóu	浙江省台州市玉环市	28°07.4′	121°23.1′
海蜇岙咀	Hǎizhé'ào Zuǐ	浙江省台州市玉环市	28°06.5′	121°17.4′
白墩咀	Báidūn Zuǐ	浙江省台州市玉环市	28°06.5′	121°08.1′
赤口嘴	Chìkǒu Zuǐ	浙江省台州市玉环市	28°05.8′	121°17.4′
茶山咀	Cháshān Zuǐ	浙江省台州市玉环市	28°05.7′	121°20.5′
玉岙尾	Yù'ào Wěi	浙江省台州市玉环市	28°05.6′	121°17.6′
水咀头	Shuǐzuǐ Tóu	浙江省台州市玉环市	28°05.5′	121°30.4′
老爷鼻头	Lǎoyebí Tóu	浙江省台州市玉环市	28°05.5′	121°20.6′
面前山咀	Miànqiánshān Zuǐ	浙江省台州市玉环市	28°04.9′	121°15.3′
南山尾	Nánshān Wěi	浙江省台州市玉环市	28°04.3′	121°16.8′

标准名称	汉语拼音	行政区	地理位置	
			北纬	东经
坎门头	Kǎnmén Tóu	浙江省台州市玉环市	28°04.3′	121°17.5′
黄门山咀	Huángménshān Zuǐ	浙江省台州市玉环市	28°03.8′	121°14.9′
牛头颈嘴	Niútóujǐng Zuǐ	浙江省台州市玉环市	28°03.4′	121°13.4′
乌龟头	Wūguī Tóu	浙江省台州市玉环市	28°03.4′	121°08.8′
包老爷咀	Bāolǎoye Zuǐ	浙江省台州市玉环市	28°02.6′	121°10.7′
大岩头	Dàyán Tóu	浙江省台州市玉环市	28°02.3′	121°09.2′
赤头山嘴	Chìtóushān Zuǐ	浙江省台州市三门县	29°06.4′	121°37.5′
黄岩嘴头	Huángyánzuǐ Tóu	浙江省台州市三门县	29°06.3′	121°38.9′
八分嘴头	Bāfēnzuǐ Tóu	浙江省台州市三门县	29°06.3′	121°38.7′
老鹰嘴头	Lǎoyīngzuǐ Tóu	浙江省台州市三门县	29°06.2′	121°39.0′
拦嘴头	Lánzuǐ Tóu	浙江省台州市三门县	29°05.9′	121°38.6′
乌龟嘴头	Wūguīzuǐ Tóu	浙江省台州市三门县	29°04.9′	121°37.8′
虎头山嘴	Hǔtóushān Zuǐ	浙江省台州市三门县	29°04.4′	121°37.9′
门头嘴	Méntóu Zuǐ	浙江省台州市三门县	29°03.2′	121°39.8′
鹰头	Yīng Tóu	浙江省台州市三门县	29°03.1′	121°38.9′
柴爿花嘴	Cháipánhuā Zuǐ	浙江省台州市三门县	29°02.8′	121°39.9′
双沙嘴	Shuāngshā Zuǐ	浙江省台州市三门县	29°02.2′	121°39.4′
下礁头	Xiàjiāo Tóu	浙江省台州市三门县	29°01.9′	121°40.4′
平岩嘴	Píngyán Zuǐ	浙江省台州市三门县	29°01.7′	121°41.0′
黄茅拦嘴	Huángmáolán Zuǐ	浙江省台州市三门县	29°01.5′	121°41.7′
下洋山嘴	Xiàyángshān Zuǐ	浙江省台州市三门县	29°01.4′	121°40.7′
长拦嘴	Chánglán Zuǐ	浙江省台州市三门县	29°01.3′	121°41.9′
龙口嘴	Lóngkǒu Zuǐ	浙江省台州市三门县	29°01.2′	121°32.7′
上牛脚	Shàngniújiǎo	浙江省台州市三门县	29°00.9′	121°41.4′
小牛嘴	Xiǎoniú Zuǐ	浙江省台州市三门县	29°00.8′	121°42.6′
下牛脚	Xiàniújiǎo	浙江省台州市三门县	29°00.8′	121°41.6′
木杓嘴	Mùsháo Zuǐ	浙江省台州市三门县	29°00.5′	121°41.0′
猫山嘴	Māoshān Zuǐ	浙江省台州市三门县	28°58.6′	121°40.1′

标准名称	汉语拼音	行政区	地理位置	
			北纬	东经
钳嘴头	Qiánzuǐ Tóu	浙江省台州市三门县	28°58.3′	121°40.4′
推出岩	Tuīchūyán	浙江省台州市三门县	28°58.2′	121°40.7′
塌蛇头	Tāshé Tóu	浙江省台州市三门县	28°58.1′	121°40.7′
太平山嘴	Tàipíngshān Zuǐ	浙江省台州市三门县	28°58.1′	121°41.7′
蟹钳嘴	Xièqián Zuǐ	浙江省台州市三门县	28°57.9′	121°41.8′
牛嘴头	Niúzuǐ Tóu	浙江省台州市三门县	28°57.8′	121°42.4′
馒头岙嘴	Mántou'ào Zuǐ	浙江省台州市三门县	28°57.7′	121°41.8′
红岩嘴	Hóngyán Zuǐ	浙江省台州市三门县	28°57.5′	121°42.3′
鳗礁嘴	Mánjiāo Zuǐ	浙江省台州市三门县	28°57.5′	121°42.7′
跳头嘴	Tiàotóu Zuǐ	浙江省台州市三门县	28°57.2′	121°32.0′
牛尾堂嘴	Niúwěitáng Zuǐ	浙江省台州市三门县	28°56.7′	121°43.8′
木杓山嘴	Mùsháoshān Zuǐ	浙江省台州市三门县	28°56.4′	121°43.4′
屿平嘴	Yǔpíng Zuǐ	浙江省台州市三门县	28°55.4′	121°42.4′
干头嘴	Gāntóu Zuǐ	浙江省台州市三门县	28°53.0′	121°38.6′
马俑嘴	Mǎyǒng Zuǐ	浙江省台州市温岭市	28°26.1′	121°38.3′
连后嘴头	Liánhòuzuǐ Tóu	浙江省台州市温岭市	28°26.1′	121°39.6′
老鼠尾咀	Láoshǔwěi Zuǐ	浙江省台州市温岭市	28°26.0′	121°39.2′
水珠头	Shuǐzhū Tóu	浙江省台州市温岭市	28°25.8′	121°38.4′
老虎山尾	Lǎohǔshān Wěi	浙江省台州市温岭市	28°25.8′	121°40.2′
高乌嘴	Gāowū Zuǐ	浙江省台州市温岭市	28°25.7′	121°38.6′
下尾嘴	Xiàwěi Zuǐ	浙江省台州市温岭市	28°25.4′	121°40.3′
稻厂嘴	Dàochǎng Zuǐ	浙江省台州市温岭市	28°25.3′	121°39.1′
高埠嘴头	Gāobùzuǐ Tóu	浙江省台州市温岭市	28°25.2′	121°39.8′
北头嘴	Běitou Zuǐ	浙江省台州市温岭市	28°25.0′	121°40.6′
下岐脚	Xiàqíjiǎo	浙江省台州市温岭市	28°25.0′	121°38.7′
土地棚岙嘴	Tǔdìpéng'ào Zuǐ	浙江省台州市温岭市	28°24.9′	121°38.4′
上岐脚	Shàngqíjiǎo	浙江省台州市温岭市	28°24.8′	121°38.5′

标准名称	汉语拼音	行政区	地理位置	
			北纬	东经
洞门东嘴头	Dòngméndōngzuǐ Tóu	浙江省台州市温岭市	28°24.7′	121°41.2′
蟹钳嘴头	Xièqiánzuǐ Tóu	浙江省台州市温岭市	28°24.6′	121°39.5′
瓜篓柄嘴	Guālǒubǐng Zuǐ	浙江省台州市温岭市	28°24.6′	121°40.2′
虎瓦咀头	Hǔwǎzuǐ Tóu	浙江省台州市温岭市	28°24.4′	121°39.7′
下尾嘴头	Xiàwěizuǐ Tóu	浙江省台州市温岭市	28°24.2′	121°39.5′
仙人桥头	Xiānrénqiáo Tóu	浙江省台州市温岭市	28°23.3′	121°38.6′
狮子头	Shīzi Tóu	浙江省台州市温岭市	28°23.0′	121°41.5′
发财头	Fācái Tóu	浙江省台州市温岭市	28°22.8′	121°39.1′
大猫头	Dàmāo Tóu	浙江省台州市温岭市	28°22.5′	121°40.5′
阴苟下咀	Yīnkēxià Zuǐ	浙江省台州市温岭市	28°22.3′	121°41.2′
丁勾头	Dīnggōu Tóu	浙江省台州市温岭市	28°22.0′	121°39.5′
白谷嘴	Báigǔ Zuǐ	浙江省台州市温岭市	28°21.2′	121°39.4′
鹭鸶嘴头	Lùsīzuǐ Tóu	浙江省台州市温岭市	28°18.3′	121°27.6′
大斗山嘴	Dàdòushān Zuǐ	浙江省台州市温岭市	28°17.8′	121°26.8′
南面咀头	Nánmiànzuǐ Tóu	浙江省台州市温岭市	28°17.8′	121°38.6′
穿心嘴	Chuānxīn Zuǐ	浙江省台州市温岭市	28°17.6′	121°39.7′
牛头	Niú Tóu	浙江省台州市温岭市	28°17.5′	121°41.1′
着火嘴	Zháohuǒ Zuǐ	浙江省台州市温岭市	28°17.3′	121°40.5′
红珊嘴头	Hóngshānzuǐ Tóu	浙江省台州市温岭市	28°17.1′	121°38.3′
尖浜头嘴	Jiānbāngtóu Zuǐ	浙江省台州市温岭市	28°16.8′	121°40.6′
小拦头嘴	Xiǎolántóu Zuǐ	浙江省台州市温岭市	28°16.4′	121°37.3′
东北嘴	Dōngběi Zuǐ	浙江省台州市温岭市	28°16.4′	121°44.2′
涨水礁头	Zhǎngshuǐjiāo Tóu	浙江省台州市温岭市	28°16.1′	121°34.7′
九爪头嘴	Jiǔzhuǎtóu Zuǐ	浙江省台州市温岭市	28°15.1′	121°33.5′
老山嘴头	Lǎoshānzuǐ Tóu	浙江省台州市温岭市	28°14.1′	121°38.6′
白龙头	Báilóng Tóu	浙江省台州市温岭市	28°13.5′	121°37.8′
大脚头	Dàjiǎo Tóu	浙江省台州市临海市	28°48.7′	121°52.0′

标准名称	汉语拼音	行政区	地理位置	
			北纬	东经
丁枪咀	Dīngqiāng Zuǐ	浙江省台州市临海市	28°48.2′	121°52.3′
蚂蚁咀	Máyǐ Zuǐ	浙江省台州市临海市	28°48.1′	121°51.1′
乌沙咀头	Wūshāzuǐ Tóu	浙江省台州市临海市	28°47.9′	121°51.7′
茄咀头	Qiézuǐ Tóu	浙江省台州市临海市	28°47.6′	121°51.7′
大岗脚	Dàgǎngjiǎo	浙江省台州市临海市	28°47.1′	121°51.4′
磨石头	Móshí Tóu	浙江省台州市临海市	28°46.9′	121°51.2′
乌烟头	Wūyān Tóu	浙江省台州市临海市	28°46.5′	121°50.1′
壳门头	Kémén Tóu	浙江省台州市临海市	28°46.2′	121°49.7′
湾咀头	Wānzuǐ Tóu	浙江省台州市临海市	28°45.5′	121°49.0′
乌咀头	Wūzuǐ Tóu	浙江省台州市临海市	28°45.2′	121°51.4′
小岙咀头	Xiǎo'àozuǐ Tóu	浙江省台州市临海市	28°44.7′	121°50.7′
银顶礁咀	Yíndǐngjiāo Zuǐ	浙江省台州市临海市	28°44.2′	121°50.8′
短咀	Duǎn Zuǐ	浙江省台州市临海市	28°44.2′	121°52.1′
长咀	Cháng Zuǐ	浙江省台州市临海市	28°43.9′	121°52.2′
南山嘴	Nánshān Zuǐ	浙江省台州市临海市	28°42.9′	121°55.0′
丁枪头	Dīngqiāng Tóu	浙江省台州市临海市	28°42.6′	121°48.2′
双峙	Shuāngzhì	浙江省台州市临海市	28°42.4′	121°46.3′
老虎山嘴	Lǎohǔshān Zuǐ	浙江省台州市临海市	28°42.3′	121°55.1′
打落峙	Dǎluòzhì	浙江省台州市临海市	28°41.1′	121°47.6′

五、河口

标准名称	汉语拼音	行政区	地理位置	
			北纬	东经
凫溪河口	Fúxī Hékǒu	浙江省宁波市宁海县	29°25.0′	121°26.6′
白溪河口	Báixī Hékǒu	浙江省宁波市宁海县	29°15.1′	121°34.8′
蓝田浦	Lántián Pǔ	浙江省温州市龙湾区	27°56.8′	120°51.0′
清江口	Qīngjiāng Kǒu	浙江省温州市乐清市	28°17.1′	121°04.3′

附录二

《中国海域海岛地名志·浙江卷第三册》索引

Y